"十四五"职业教育国家规划教材

"十三五"职业教育国家规划教材

"十三五"职业院校工业机器人专业新形态系列教材

自动化生产线安装、调试和维护技术

主　编　梁　亮　梁玉文
副主编　刘宝生　牛彩雯　李　萌
参　编　朴圣艮　张立娟　李俊涛　王佰红
　　　　罗　新　田　军　高　岩　杨蔚岭

机械工业出版社

本书作为"'十三五'职业院校工业机器人专业新形态系列教材"之一,通过8个项目介绍了自动化生产线的必备知识和技能,主要内容包括:柔性自动化生产线供料单元安装与调试、柔性自动化生产线冲压单元安装与调试、柔性自动化生产线装配单元安装与调试、柔性自动化生产线分拣单元安装与调试、柔性自动化生产线输送单元安装与调试、柔性自动化生产线全线运行、工业机器人搬运单元的安装与调试、自动化生产线综合能力应用。

本书还采用了微视频讲解的全新教学模式,读者只要拿出手机扫描书中的二维码,就可观看相应的教学视频。

本书可作为职业技术学校、技工院校自动化专业、工业机器人专业、机电一体化专业的教学用书,也可作为电气技术人员的参考用书。

图书在版编目（CIP）数据

自动化生产线安装、调试和维护技术/梁亮,梁玉文主编. —北京：机械工业出版社,2017.12（2025.1重印）
"十三五"职业院校工业机器人专业新形态系列教材
ISBN 978-7-111-58641-8

Ⅰ.①自… Ⅱ.①梁…②梁… Ⅲ.①自动生产线-职业教育-教材
Ⅳ.①TP278

中国版本图书馆 CIP 数据核字（2017）第 300408 号

机械工业出版社（北京市百万庄大街 22 号　邮政编码 100037）
策划编辑：陈玉芝　责任编辑：陈玉芝　责任校对：陈　越
封面设计：张　静　责任印制：单爱军
保定市中画美凯印刷有限公司印刷
2025 年 1 月第 1 版第 16 次印刷
187mm×260mm·13 印张·339 千字
标准书号：ISBN 978-7-111-58641-8
定价：39.00 元

电话服务　　　　　　　　　网络服务
客服电话：010-88361066　　机 工 官 网：www.cmpbook.com
　　　　　010-88379833　　机 工 官 博：weibo.com/cmp1952
　　　　　010-68326294　　金 书 网：www.golden-book.com
封底无防伪标均为盗版　机工教育服务网：www.cmpedu.com

关于"十四五"职业教育
国家规划教材的出版说明

为贯彻落实《中共中央关于认真学习宣传贯彻党的二十大精神的决定》《习近平新时代中国特色社会主义思想进课程教材指南》《职业院校教材管理办法》等文件精神，机械工业出版社与教材编写团队一道，认真执行思政内容进教材、进课堂、进头脑要求，尊重教育规律，遵循学科特点，对教材内容进行了更新，着力落实以下要求：

1. 提升教材铸魂育人功能，培育、践行社会主义核心价值观，教育引导学生树立共产主义远大理想和中国特色社会主义共同理想，坚定"四个自信"，厚植爱国主义情怀，把爱国情、强国志、报国行自觉融入建设社会主义现代化强国、实现中华民族伟大复兴的奋斗之中。同时，弘扬中华优秀传统文化，深入开展宪法法治教育。

2. 注重科学思维方法训练和科学伦理教育，培养学生探索未知、追求真理、勇攀科学高峰的责任感和使命感；强化学生工程伦理教育，培养学生精益求精的大国工匠精神，激发学生科技报国的家国情怀和使命担当。加快构建中国特色哲学社会科学学科体系、学术体系、话语体系。帮助学生了解相关专业和行业领域的国家战略、法律法规和相关政策，引导学生深入社会实践、关注现实问题，培育学生经世济民、诚信服务、德法兼修的职业素养。

3. 教育引导学生深刻理解并自觉实践各行业的职业精神、职业规范，增强职业责任感，培养遵纪守法、爱岗敬业、无私奉献、诚实守信、公道办事、开拓创新的职业品格和行为习惯。

在此基础上，及时更新教材知识内容，体现产业发展的新技术、新工艺、新规范、新标准。加强教材数字化建设，丰富配套资源，形成可听、可视、可练、可互动的融媒体教材。

教材建设需要各方的共同努力，也欢迎相关教材使用院校的师生及时反馈意见和建议，我们将认真组织力量进行研究，在后续重印及再版时吸纳改进，不断推动高质量教材出版。

机械工业出版社

前言

　　自动化生产线是通过控制系统和工件传送系统，按照生产工艺流程控制机床与辅助设备自动进行产品整体设计或制造的生产系统，简称自动线。随着我国社会经济的不断发展，制造业水平的不断提高。我国制造业在生产技术与设备的方面上也逐渐从效率低下的人工生产线转变为集约程度高的自动化生产线，而生产效率与产品质量的不断提高又促使自动化生产线不断发展与进步，而自动化生产线的安装、调试和维护也在连续不断地开展着优化和完善工作。

　　"自动化生产线安装、调试和维护技术"作为一门新兴课程，是综合应用学生前期所学知识的实操性与实践性课程，这里所说的前期所学知识包括：机械基础、液压气动技术、传感器技术、电机与驱动技术、变频器技术、PLC 技术、组态与触摸屏技术、机器人技术等。本书注重实践与应用，精简不必要的理论知识，以项目引导的形式进行编写。

　　本书在选用项目时注重自动化生产线在企业中的典型应用，注重自动生产线的发展过程、发展趋势、机器人技术的应用等；在介绍知识点时注重由浅入深、循序渐进。

　　本书配套资源丰富，免费提供电子课件、教学大纲、课程设计及模拟试卷，可登录 www.cmpedu.com 下载。本书还配套微课视频，扫描书中内容对应处的二维码即可观看，也可以扫描书末配套资源小程序码清单观看。需要注意的是，书中内容相对应的带有"大国技能"标识的二维码，应先关注微信公众号，再回复"58641"，根据指导观看相应视频。

　　本书由梁亮、梁玉文任主编，刘宝生、牛彩雯、李萌任副主编，朴圣艮、张立娟、李俊涛、王佰红、罗新、田军、高岩、杨蔚岭参加编写。

　　鉴于时间仓促和作者水平有限，书中难免存在疏漏和不足之处，敬请广大读者批评指正。

编　者

关注本微信公众号
回复"58641"
观看相应微课视频

目录

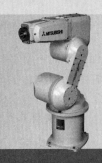

项目1

柔性自动化生产线供料单元安装与调试

 学习目标

知识目标

➢ 掌握光电传感器、磁性开关、电感式传感器的结构及应用。

➢ 掌握气动元件的构成及应用。

➢ 熟练掌握供料单元机械组装步骤及注意事项。

➢ 熟练掌握供料单元电气接线方法与规则。

能力目标

➢ 能够正确使用传感器。

➢ 能够正确绘制供料单元气动控制原理图。

➢ 能够正确安装气路。

➢ 能够独立完成供料单元的机械组装。

➢ 能够正确设计供料单元电气接线图,并正确接线。

➢ 能够正确编写供料单元 PLC 控制程序,并下载调试。

素养目标

➢ 培养学生的爱国主义意识。

➢ 培养学生沟通能力和团队意识。

课前导读

1.1 项目描述

1. 供料单元的功能与结构

供料单元是自动化生产线中的起始单元,它在整个系统中向其他工作单元提供原材料,如同企业生产线上的自动供料系统一样。供料单元根据生产过程的需要将料仓中待加工的工件自动推到物料台上,以便输送站的机械手将其抓取并送往其他单元进行加工。供料单元的组成如图1-1所示。

工件叠放在料仓中,推料气缸处于料仓的底层,顶料气缸则与次下层工

自动化生产线
工作过程

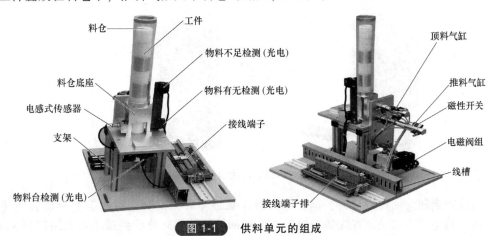

图 1-1 供料单元的组成

1

件处于同一水平位置。需要供料时，顶料气缸的活塞杆伸出，顶住次下层工件；然后推料气缸活塞推出，把最下层工件推到物料台上。当推料气缸返回后，再使顶料气缸返回，松开次下层工件；料仓中的工件在重力的作用下，自动下落，为下一次供料做好准备。

2. 供料单元的控制要求

供料单元控制要求及工作过程

工作站的主令信号和工作状态显示信号来自控制模块，它由 PLC、起动/停止按钮、急停按钮、状态指示灯组成，工作方式选择开关 SA 应置于"单站方式"位置。具体控制要求如下。

1）设备上电和气源接通后，若工作单元的两个气缸均处于缩回位置，且料仓内有足够的待加工工件，则"正常工作"指示灯 HL1 常亮，表示设备准备好。否则，该指示灯以 1Hz 频率闪烁。

2）若设备准备好，按下起动按钮，工作单元起动，"设备运行"指示灯 HL2 常亮。起动后，若出料台上没有工件，则应把工件推到出料台上。出料台上的工件被人工取出后，若没有停止信号，则进行下一次推出工件操作。

3）若在运行中按下停止按钮，则在完成本工作周期任务后，各工作单元停止工作，HL2 指示灯熄灭。

4）若在运行中料仓内工件不足，则工作单元继续工作，但"正常工作"指示灯 HL1 以 1Hz 的频率闪烁，"设备运行"指示灯 HL2 保持常亮。若料仓内没有工件，则 HL1 指示灯和 HL2 指示灯均以 2Hz 频率闪烁。工作站在完成本周期任务后停止。除非向料仓内补充足够的工件，否则工作站不能再起动。

1.2　相关知识

1.2.1　供料单元的传感器

1. 光电式传感器

供料单元中用来检测工件不足或工件有无的是漫射式放大器内置型光电接近开关（细小光束型，NPN 型晶体管集电极开路输出）。该光电开关的外形和顶端面上的调节旋钮和显示灯如图 1-2 所示。

图 1-2 中动作转换开关的功能是选择受光动作（Light）或遮光动作（Drag）模式，即：当此开关按顺时针方向充分旋转时（L 侧），则进入检测-ON 模式；当此开关按逆时针方向充分旋转时（D 侧），则进入检测-OFF 模式。

光电式传感器介绍

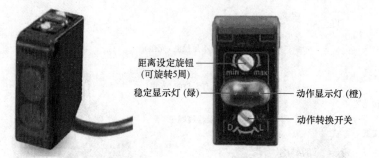

距离设定旋钮（可旋转5周）
稳定显示灯（绿）
动作显示灯（橙）
动作转换开关

图 1-2　欧姆龙 CX-441（E3Z-L61）型光电开关的外形

距离设定旋钮为回转调节器，调整距离时注意逐步轻微旋转，否则若充分旋转回转调节器会空转。调整的方法是，首先按逆时针方向将回转调节器充分旋到最小检测距离（E3Z-L61

约20mm），然后根据要求距离放置检测物体，按顺时针方向逐步旋转回转调节器，找到传感器进入检测条件的点；拉开检测物体距离，按顺时针方向进一步旋转回转调节器，找到传感器再次进入检测状态，一旦进入，向后旋转回转调节器直到传感器回到非检测状态的点。两点之间的中点为稳定检测物体的最佳位置。

用来检测物料台上有无物料的光电开关是一个圆柱形漫射式光电接近开关，工作时向上发出光线，从而透过小孔检测是否有工件存在。该光电开关选用 SICK 公司 MHT15—N2317 型产品，其外形如图 1-3 所示。

2. 电感式传感器

在供料单元的料仓底座安装有一个电感式传感器，其作用是检测工件原材料是否为金属材料，以便在分拣过程中根据要求将其放入指定的分拣区域。在选用和安装电感式传感器时，必须认真考虑检测距离、设定距离，以保证生产线上的传感器可靠动作，其安装位置如图 1-4 所示。

图 1-3　MHT15—N2317 型光电开关的外形

电感式传感器介绍

图 1-4　供料单元中电感式传感器的安装位置

3. 磁性开关

本设备所使用的气缸都是带磁性开关的气缸。这些气缸的缸筒采用导磁性弱、隔磁性强的材料，如硬铝、不锈钢等。在非磁性体的活塞上安装一个永久磁铁的磁环，这样就提供了一个反映气缸活塞位置的磁场。而安装在气缸外侧的磁性开关则是用来检测气缸活塞位置的，即检测气缸活塞运动行程的。

磁性开关的安装位置可以调整，调整方法是松开它的紧固螺栓，让磁性开关顺着气缸滑动，到达指定位置后，再旋紧紧固螺栓。

磁性开关介绍

磁性开关有蓝色和棕色两根引出线，使用时蓝色引出线应连接到 PLC 输入公共端，棕色引出线应连接到 PLC 输入端。磁性开关的内部电路如图 1-5 所示。

部分接近开关的图形符号如图 1-6 所示。图 1-6a、b、c所示三种情况均使用 NPN 型晶体管集电极开路输出。如果是使用 PNP 型的，正负极性应反接。

1.2.2　供料单元的气动元件

1. 气源处理装置

本装置的气源处理组件及其回路原理图如图 1-7 所示。气源处理组件是气动控制系统中的基本组成器件，它的作用是除去压缩空气中所含的杂质及凝结水，调节并保持恒定的工作压力。在使用时，应注意经常检查过滤器中凝结水的水

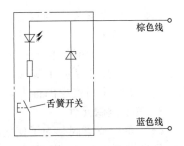

棕色线

舌簧开关

蓝色线

图 1-5　磁性开关的内部电路

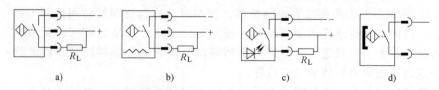

图 1-6　接近开关的图形符号

a) 通用图形符号　b) 电感式接近开关　c) 光电式接近开关　d) 磁性开关

位，在超过最高标线以前，必须排放，以免被重新吸入。气源处理组件的气路入口处安装一个快速气路开关，用于启/闭气源，当把气路开关向左拔出时，气路接通气源；当把气路开关向右推入时，气路关闭。

气源处理
组件介绍

2. 气动执行元件

供料单元的顶料气缸和推料气缸均采用标准双作用直线气缸。双作用气缸是指活塞的往复运动均由压缩空气来推动，如图 1-8 所示。

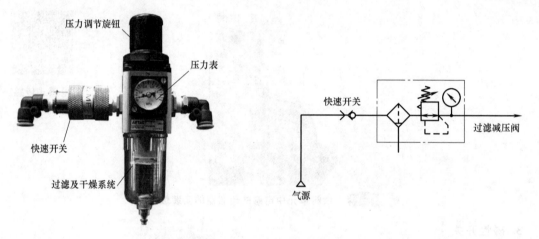

压力调节旋钮

压力表

快速开关

过滤及干燥系统

快速开关　气源　过滤减压阀

图 1-7　气源处理组件及其回路原理图

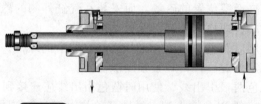

图 1-8　标准双作用直线气缸工作示意图

气缸的两个端盖上都设有进排气通口，从无杆侧端盖气口进气时，推动活塞向前运动；反之，从杆侧端盖气口进气时，推动活塞向后运动。

双作用气缸具有结构简单，输出力稳定，行程可根据需要选择的优点，但由于是利用压缩空气交替作用于活塞上实现伸缩运动的，回缩时压缩空气的有效作用面积较小，所以产生的力要小于伸出时产生的推力。

3. 气动控制元件

（1）单向节流阀　为了使气缸的动作平稳可靠，应对气缸的运动速度加以控制，常用的方法是使用单向节流阀来实现。单向节流阀是由单向阀和节流阀并联而成的流量控制阀，常用于控制气缸的运动速度，所以也称为速度控制阀。

图 1-9 给出了在双作用气缸装上两个单向节流阀的连接示意图。这种连接方式称为排气节流方式，即：当压缩空气从 A 端进气、从 B 端排气时，单向节流阀 A 的单向阀开启，向气缸无杆腔快速充气；由于单向节流阀 B 的单向阀关闭，有杆腔的气体只能经节流阀排气，调节节流阀 B 的开度，便可改变气缸伸出时的运动速度。反之，调节节流阀 A 的开度则可改变气缸缩回时的运动速度。这种控制方式，活塞运行稳定，是最常用的方式。

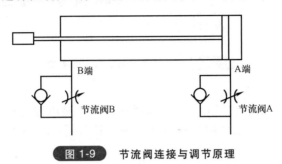

图 1-9 节流阀连接与调节原理

图 1-10 是已经装配好的供料单元的双作用直线气缸。气缸的两个进气口已安装单向节流阀，节流阀上带有气管的快速接头，只要将合适外径的气管往快速接头上一插就可以将管子连接好，使用时十分方便。气缸两端安装有检测气缸伸出、缩回到位的磁性开关。

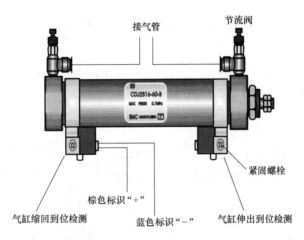

图 1-10 供料单元所使用的气缸

（2）单电控电磁换向阀　方向控制阀是气动系统中通过改变压缩空气的流动方向和气流通断来控制执行元件起动、停止及运动方向的气动元件。通常使用比较多的是电磁控制换向阀（简称电磁阀）。电磁阀是气动控制中最主要的元件，它是利用电磁线圈通电时静铁心对动铁心产生电磁吸引力使阀切换以改变气流方向的阀。根据阀芯复位的控制方式，又可以将电磁阀分为单电控和双电控两种。图 1-11 所示为电磁阀控制换向阀的实物。

电磁阀及阀组介绍

电磁控制换向阀易于实现电—气联合控制，能实现远距离操作，在气动控制中广泛使用。在使用双电控电磁阀时应特别注意，两侧的电磁铁不能同时得电，否则将会使电磁阀线圈烧坏。为此，在电气控制回路上，通常设有防止同时得电的联锁回路。

电磁阀按阀切换通道数目的不同可以分为二通阀、三通阀、四通阀和五通阀；同时，按阀芯工作位置数目的不同又分为二位阀和三位阀。例如，有两个通口的二位阀成为二位二通阀；有三个通口的二位阀，成为二位三通阀。常用的还有二位五通阀，用在推动双作用气缸

图 1-11　电磁阀控制换向阀的实物

a) 单电控　b) 双电控

的回路中。图 1-12 分别给出二位三通、二位四通和二位五通单控电磁换向阀的图形符号, 图形中有几个方格就是几位, 方格中的 "┬" 和 "┴" 符号所示各接口互不相通。

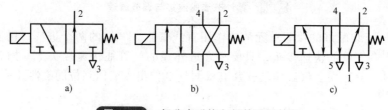

图 1-12　部分电磁换向阀的图形符号

a) 二位三通阀　b) 二位四通阀　c) 二位五通阀

图 1-13 所示为一个直动式双电控二位五通电磁换向阀的工作原理及图形符号。图 1-14 为先导式双电控换向阀的工作原理及图形符号。

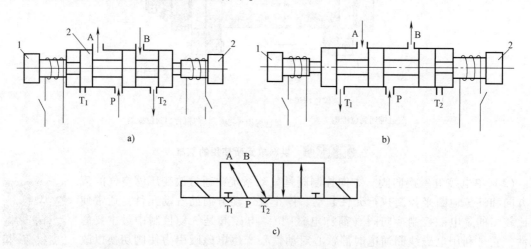

图 1-13　直动式双电控二位五通电磁换向阀的工作原理及图形符号

a) 电磁线圈 1 得电, 阀芯向右移　b) 电磁线圈 2 得电, 阀芯向左移　c) 图形符号

供料单元的执行气缸是双作用气缸, 因此控制它们工作的电磁阀需要有两个工作口、两个排气口以及一个供气口, 故使用的电磁阀均为二位五通单控电磁阀。

值得注意的是: 电磁阀带有手动换向加锁钮, 有锁定 (LOCK) 和开启 (PUSH) 两个位置。用小螺钉旋具把加锁钮旋到 LOCK 位置时, 手控开关向下凹进去, 不能进行手控操作。只有在 PUSH 位置, 可用工具向下按, 信号为 "1", 等同于该侧的电磁信号为 "1"; 常态时,

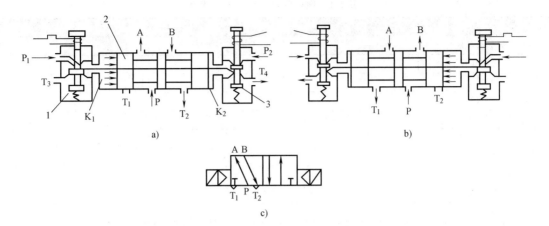

图 1-14　先导式双电控换向阀的工作原理及图形符号

a）主阀向右移　b）主阀向左移　c）图形符号

1、3—电磁先导阀　2—主阀

手控开关的信号为"0"。在进行设备调试时，可以使用手控开关对阀进行控制，从而实现对相应气路的控制，以改变推料气缸等执行机构的控制，达到调试的目的。

在工程实际应用中，为了简化控制阀的控制电路和气路的连接，优化控制系统的结构，通常将多个电磁阀及相应的气控和电控信号接口、消声器和汇流板等集中在一起组成控制阀的集合体使用，此集合体称为电磁阀组。

供料单元的两个电磁阀是集中安装在汇流板上的。汇流板中两个排气口末端均连接了消声器，消声器的作用是减少压缩空气在向大气排放时的噪声。这种将多个阀与消声器、汇流板等集中在一起构成的一组控制阀的集成称为阀组，而每个阀的功能是彼此独立的。电磁阀组的结构如图 1-15 所示。

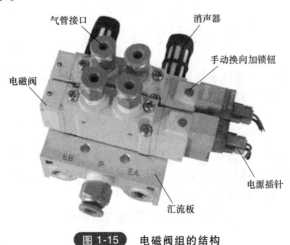

图 1-15　电磁阀组的结构

1.3　项　目　准　备

在实施项目前，应按照材料清单（见表1-1）逐一检查供料单元的所需材料、工具是否齐全，并填写各种材料的数量、规格、是否损坏等情况。

表 1-1　供料单元材料与工具清单

材料名称	规格	数量	是否损坏
工件料仓底座			
工件料仓管			
顶料气缸			
推料气缸			
铝型材及其连接件			
支撑板及物料挡块			
传感器支架			
螺钉			
光电传感器			
磁性开关			
电感式传感器			
电磁阀组			
端子排			
走线槽			
PLC			
按钮指示灯模块盒			
底板			
万用表			
内六角扳手			
小活扳手			
呆扳手			
小一字螺钉旋具			
小十字螺钉旋具			

1.4　项 目 实 施

学习了前面的知识后，应该对供料站已经有了全面的了解，为了有计划地完成本次项目，要先做好任务分配和工作计划表。

1. 任务分工

四人一组，每名成员要有明确分工，角色安排及负责任务如下。

1）程序设计员：小组组长负责整个项目的统筹安排并设计调试程序。

2）机械安装工：负责供料单元的机械、传感器、气路的安装及调试。

3）电气接线工：负责供料单元的电气接线。

4）资料整理员：负责整个实施过程的资料准备整理工作。

2. 实施计划表

项目实施计划表见表 1-2。

1.4.1　供料单元的机械组装

供料单元主要由控制系统和供料装置两部分组成。供料装置安装在工作台上，控制系统安装在工作台下方的抽屉中，装置侧的信号通过接线端子排与控制系统相连。供料单元结构如图 1-16 所示。

表 1-2　供料单元项目实施计划表

实施步骤	实施内容	计划完成时间	实际完成时间	备注说明
1	根据控制要求准备材料			
2	安装机械部分、传感器、电磁阀			
3	气动回路设计、安装、调试			
4	电气线路设计及连接			
5	程序编译及调试			
6	文件整理			
7	总结评价			

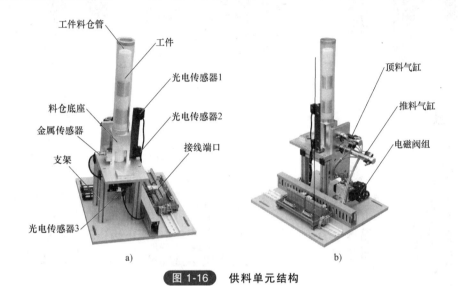

图 1-16　供料单元结构

a) 正视图　b) 侧视图

控制系统的主要组成部分有：直流开关电源、PLC、按钮指示灯模块盒、线槽、端子排等，如图 1-17 所示。其中按钮指示灯模块盒上的器件包括：红、绿、黄指示灯各一只，红、绿常开按钮各一只，选择开关一只，急停按钮一只，接线端子排一块。

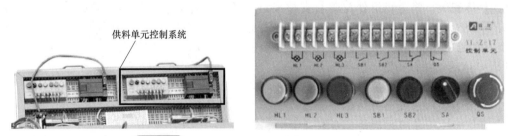

图 1-17　供料单元控制系统及按钮指示灯模块

1. 供料单元的机械安装

（1）安装步骤　供料单元的安装如图 1-18 所示。

① 落料支撑架的安装。首先将各铝合金型材通过 L 形连接件连接成一个整体支架。为了安装的快捷与方便，先将螺栓与螺母与 L 形连接支架套装在一起，再将螺母插接在 L 形槽内，并锁紧螺母。在锁紧螺母的同时，应注意各条

供料单元装置
侧机械安装

边的平行度与垂直度。注意要放置后续工序的预留螺母。

② 物料台及料仓的安装。首先把传感器支架安装在落料支撑板下方，在支撑板上安装料仓底座。注意：出料口方向朝前，与挡料板方向一致。挡料块安装到落料板上。然后安装两个传感器支架。

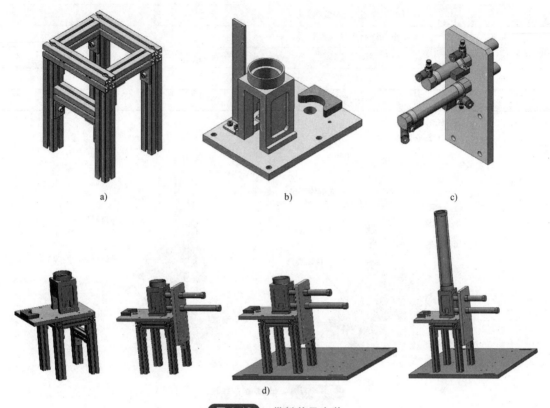

a)   b)   c)

d)

图 1-18   供料单元安装

a) 落料支撑架安装   b) 物料台及料仓底座安装   c) 推料机构安装   d) 整体组装

③ 顶料气缸、推料气缸与气缸安装板相连接，并将节流阀、推料头与各气缸的螺纹联接，锁紧后固定在落料板支架上。

④ 整体安装。将落料组件与落料支撑架进行连接。注意：支撑架的横架方向是在后面，螺钉先不要拧紧，方向不能反，安装气缸支撑板后再固定紧。将安装好气缸的气缸支撑板与落料支撑架连接。将连接好的整体安装到底板上并将其固定在工作台上，在工作台第4道、第10道槽口安装螺钉固定。

⑤ 用橡胶锤把大工件装料管（俗称料筒或料仓）连接到料仓底座上。

⑥ 安装节流阀、光电传感器、金属传感器和磁性开关。

⑦ 在底板上安装电磁阀组、接线端子排、走线槽。

供料单元机械装配完成图如图1-19所示。

（2）供料单元机械安装的注意事项

① 装配铝合金型材支撑架时，注意调整好各条边的平行度及垂直度，然后锁紧螺栓。

② 气缸安装板和铝合金型材支撑架的连接，是靠预先在特定位置的铝型材"T"形槽中放置预留与之相配的螺母，因此在对该部分的铝合金型材进行连接时，一定要在相应的位置放置相应螺母。如果没有放置螺母或没有放置足

供料单元装置
侧机械拆卸

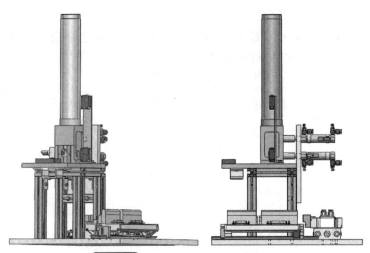

图 1-19 供料单元机械装配完成图

够数量的螺母，将造成无法安装或安装不可靠。

③ 将机械机构固定在底板上时，需要将底板移动到操作台的边缘，将螺栓从底板的反面拧入，将底板和机械机构部分的支撑型材连接起来。

（3）供料单元机械部分的调试

① 推料的位置要通过手动推料气缸或者挡料板位置进行调整，调整后，再加以固定螺栓；若位置不到位将引起工件推偏。

② 磁性开关的安装位置可以调整，调整方法是松开磁性开关的紧固螺栓，让它顺着气缸滑动，到达指定位置后，再旋紧紧固螺栓。注意夹料气缸要把工件夹紧，行程很短，因此它上面的两个磁性开关几乎靠紧在一起。如果磁性开关安装位置不当，将影响控制过程。

③ 底座和料仓管处安装的光电开关，若该部分机构内没有工件，光电开关上的指示灯不亮；若从底层起有 3 个工件，底层处光电开关亮，而第 4 层处光电接近开关不亮；若从底层起有 4 个工件或者以上，两个光电开关都亮。否则应调整光电开关的位置或者光强度。

④ 物料台面开有小孔，物料台下面也设有一个光电开关，工作时向上发出光线，从而通过小孔检测是否有工件存在，以便系统提供本单元物料台有无工件的信号。在输送单元的控制程序中，就可以利用该信号状态来判断是否需要驱动机械手装置来抓取此工件。该光电开关选用圆柱形的光电接近开关（MHT15—N2317 型）。注意：所用工件中心也有一个小孔，调整传感器位置时，要防止传感器发出的光线通过工件中心的小孔时没有反射，从而引起误动作。

2. 传感器的安装

在底座和料仓管第 4 层工件位置，分别安装了一个漫反射式光电开关。它们的功能是检测料仓中有无储料或储料是否足够。若该部分机构内没有工件，则处于底层和第 4 层位置的两个漫反射式光电接近开关均处于常态；若底层起仅剩余 3 个工件，则底层处光电开关处于常态，而第 4 层光电接近开关动作，表明工件已经快用完了。这样，料仓中有无储料或储料是否充足，即可用这两个光电接近开关的信号状态反映出来。

出料台面开有小孔，出料台下面设有一个圆柱形漫射式光电传感器，工作时向上发出光线，从而透过小孔检测是否有工件存在，以便向系统提供本单元出料台有无工件的信号。在输送单元的控制程序中，就可以利用该信号状态来判断是否需要驱动机械手装置来抓取此工件。

推料气缸和顶料气缸分别安装了两个磁性开关传感器，分别用于指示推料和顶料到位、推料和顶料复位。

正确使用安装工具将供料单元的散件组合成完整的工作站，要求供料站动作顺畅，无松动，无卡壳现象，并填好表 1-3 供料单元机械安装工作单。

表 1-3　供料单元机械安装工作单

安装步骤	计划时间	实际时间	工具	是否返工，返工原因及解决方法
落料支撑架安装				
物料台及料仓安装				
推料机构的安装				
传感器的安装				
电磁阀的安装				
整体安装				
调试过程	工件是否推偏：　　是　　否 原因及解决方法：			
	气缸推出是否顺利：　　是　　否 原因及解决方法：			
	气路是否能正常换向：　　是　　否 原因及解决方法：			
	其他故障及解决方法：			

1.4.2　供料单元的气路连接及调试

1. 供料单元的气动控制回路

供料单元气动控制回路的工作原理如图 1-20 所示。图中 1A 和 2A 分别为推料气缸和顶料气缸，1B1 和 1B2 为安装在推料气缸的两个极限工作位置的磁感应接近开关，2B1 和 2B2 为安装在顶料气缸的两个极限工作位置的磁感应接近开关。1Y 和 2Y 分别为控制推料气缸和顶料气缸的电磁阀的电磁控制端。两个电磁阀分别对顶料气缸和推料气缸进行控制，以改变各自的动作状态。

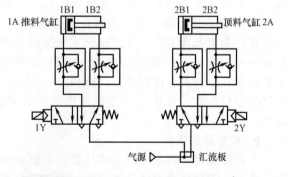

图 1-20　供料单元气动控制回路的工作原理

2. 供料单元气路连接及调试

气路安装从汇流排开始，按图 1-20 所示的气动控制回路连接电磁阀、气缸。连接时注意气管走向应按序排布，均匀美观，不能交叉、打折；气管要在快速接头中插紧，不能够有漏气现象。

气路调试包括：

① 用电磁阀上的手动换向加锁钮验证顶料气缸和推料气缸的初始位置和动作位置是否正确。

② 调整气缸节流阀以控制活塞杆的往复运动速度，伸出速度以不推倒工件为准。

3. 供料单元气路连接注意事项

① 气路连接要完全按照自动生产线气路图进行。

② 气路连接时，气管一定要在快速接头中插紧，不能够有漏气现象。

③ 气路中的气缸节流阀调整要适当，以活塞进出迅速、无冲击、无卡滞现象为宜，以不推倒工件为准。如果有气缸动作相反，将气缸两端进气管位置颠倒即可。

④ 气路气管在连接走向时，应该按序排布，均匀美观。不能交叉打折，顺序不能乱。

⑤ 所有外露气管必须用黑色尼龙扎带进行绑扎，松紧程度以不使气管变形为宜，外形美观。

⑥ 电磁阀组与气体汇流板的连接必须压在橡胶密封垫上固定，要求密封良好，无泄漏。

4. 供料单元气路连接工作单

供料单元气路安装与调试工作单见表1-4。

表 1-4　供料单元气路安装与调试工作单

调试内容	是	否	不正确原因
气路连接是否有漏气现象			
顶料气缸伸出是否顺畅			
顶料气缸缩回是否顺畅			
推料气缸伸出是否顺畅			
推料气缸缩回是否顺畅			
备注			

1.4.3　供料单元的电气设计及连接

本实训装置电气接线的布局特点是机械装置与电气控制部分相对分离。每一工作单元机械装置整体安装在底板上，而控制工作单元生产过程的PLC装置则安装在工作台两侧的抽屉板上。因此供料单元电气接线包括，在工作单元装置侧完成各传感器、电磁阀、电源端子等引线到装置侧接线端口之间的接线；在PLC侧进行电源连接、I/O点接线等，如图1-21所示。

a)　　　　　　　　　　　　　　　　　　　b)

图 1-21　供料单元电气接线端口

a) 供料单元 PLC 侧接线端口　b) 供料单元装置侧接线端口

供料单元装置侧接线端口上各电磁阀和传感器的引线布置见表1-5。接线时应注意装置侧接线端口中，输入信号端子的上层端子（+24V）只能作为传感器的正电源端，切勿用于电磁阀等执行元件的负载。电磁阀等执行元件的正电源端和0V端应连接到输出信号端子下层端子的相应端子上。装置侧接线完成后，应用扎带绑扎，力求整齐美观。

表 1-5　供料单元装置侧接线端口信号端子的分配

输入端口中间层			输出端口中间层		
端子号	设备符号	信号线	端子号	设备符号	信号线
2	1B1	顶料到位	2	1Y	顶料电磁阀
3	1B2	顶料复位	3	2Y	推料电磁阀
4	2B1	推料到位			
5	2B2	推料复位			
6	SC1	出料台物料检测			
7	SC2	物料不足检测			
8	SC3	物料有无检测			
9	SC4	金属材料检测			
10#~17#端子没有连接			4#~14#端子没有连接		

　　供料单元 PLC 侧的接线包括：电源接线，PLC 的 I/O 点和 PLC 侧接线端口之间的连线，PLC 的 I/O 点与按钮指示灯模块的端子之间的连线。

　　根据工作单元装置的 I/O 信号分配（表 1-5）和工作任务的要求，装置侧传感器信号占用 8 个输入点，PLC 侧启停和方式切换占用 4 个输入点，输出端有 2 个电磁阀和 3 个指示灯，则所需的输入输出点数分别为 12 点输入和 5 点输出，见表 1-6。供料单元 PLC 选用 S7—224 型 PLC。其 AC/DC/RLY 主单元共 14 点输入和 10 点继电器输出。供料单元 PLC 的 I/O 接线原理如图 1-22 所示，安装及调试工作单见表 1-7。

表 1-6　供料单元 PLC 的 I/O 分配

输入信号				输出信号			
序号	PLC 输入点	信号名称	信号来源	序号	PLC 输出点	信号名称	信号来源
1	I0.0	顶料气缸伸出到位	装置侧	1	Q0.0	顶料电磁阀	装置侧
2	I0.1	顶料气缸缩回到位		2	Q0.1	推料电磁阀	
3	I0.2	推料气缸伸出到位		3	Q0.2		
4	I0.3	推料气缸缩回到位		4	Q0.3		
5	I0.4	出料台物料检测		5	Q0.4		
6	I0.5	供料不足检测		6	Q0.5		
7	I0.6	缺料检测		7	Q0.6		
8	I0.7	金属工件检测		8	Q0.7	黄色指示灯	按钮/指示灯模块
9	I1.0			9	Q1.0	绿色指示灯	
10	I1.1			10	Q1.1	红色指示灯	
11	I1.2	停止按钮	按钮/指示灯模块	11			
12	I1.3	起动按钮					
13	I1.4	急停按钮（未用）					
14	I1.5	工作方式选择					

　　电气接线工艺应符合国家标准的规定，例如，导线连接到端子时，采用压紧端子压接方法；连接线必须有符合规定的标号；每一端子连接的导线不超过两根等。

　　供料单元电气接线的注意事项：

　　① 控制供料站生产过程的 PLC 装置安装在工作台两侧的抽屉板上。PLC

供料单元电气接线

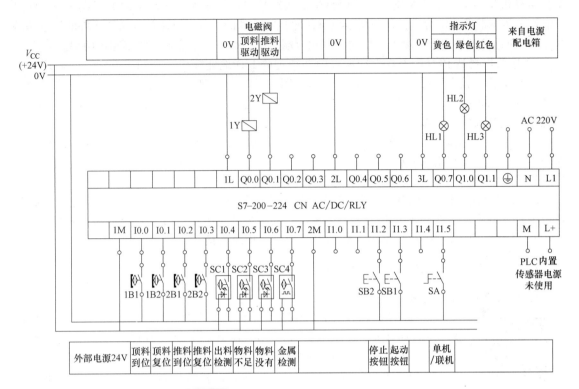

图 1-22 供料单元 PLC 的 I/O 接线原理

表 1-7 供料单元电气线路安装及调试工作单

调试内容	正确	错误	原因
物料台信号检测			
料仓有无信号检测			
物料充足检测			
金属物料检测			
顶料气缸伸出到位检测			
顶料气缸缩回到位检测			
推料气缸伸出到位检测			
推料气缸缩回到位检测			

侧接线端口的接线端子采用两层端子结构，上层端子用以连接各信号线，其端子号与装置侧接线端口的接线端子相对应。底层端子用以连接 DC 24V 电源的+24V 端和 0V 端。

② 供料站装置侧接线端口的接线端子采用三层端子结构，上层端子用以连接 DC 24V 电源的+24V 端，底层端子用以连接 DC 24V 电源的 0V 端，中间层端子用以连接各信号线。

③ 供料站装置侧接线端口和 PLC 侧接线端口之间通过专用电缆连接。其中 25 针接头电缆连接 PLC 的输入信号，15 针接头电缆连接 PLC 的输出信号。

④ 供料站工作的 DC 24V 直流电源，通过专用电缆由 PLC 侧的接线端子提供，经接线端

15

子排引到供料站上。接线时应注意，供料站侧接线端口中，输入信号端子的上层端子（+24V）只能作为传感器的正电源端，切勿用于电磁阀等执行元件的负载。电磁阀等执行元件的正电源端和0V端应连接到输出信号端子下层端子的相应端子上。每一端子连接导线不超过两根。

⑤ 按照供料站PLC的I/O接线原理图和规定的I/O地址接线。为接线方便，一般应该先接下层端子，后接上层端子。要仔细辨明原理图中的端子功能标注。要注意气缸磁性开关棕色和蓝色的两根线，漫射式光电开关的棕色、黑色、蓝色三根线，金属传感器的棕色、黑色、蓝色三根线的极性不能接反。

⑥ 导线线端应该处理干净，无线芯外露，裸露铜线不得超过2mm。一般应该做冷压插针处理。线端应该套规定的线号。

⑦ 导线在端子上的压接，以用手稍用力外拉不动为宜。

⑧ 导线走向应该平顺有序，不得重叠挤压折曲，顺序不能乱。线路应该用黑色尼龙扎带进行绑扎，以不使导线外皮变形为宜。装置侧接线完成后，应用扎带绑扎，力求整齐美观。

⑨ 供料站的按钮/指示灯模块，按照端子接口的规定连接。

1.4.4 供料单元的程序设计及调试

1. 供料单元PLC控制的编程

供料单元指示灯
控制子程序设计

① 程序结构。有两个子程序，一个是系统状态显示，另一个是供料控制。主程序在每一扫描周期都调用系统状态显示子程序，仅当在运行状态已经建立才可能调用供料控制子程序。

② PLC上电后应首先进入初始状态的检查阶段，确认系统已经准备就绪后，才允许投入运行，这样可及时发现存在的问题，避免出现事故。例如，若两个气缸在上电和气源接入时不在初始位置，这是气路连接错误的缘故，显然在这种情况下不允许系统投入运行。通常的PLC控制系统往往有这种常规的要求。

③ 供料单元运行的主要过程是供料控制，它是一个步进顺序控制过程。

④ 如果没有停止要求，顺控过程将周而复始地不断循环。常见的顺序控制系统正常停止要求是，接收到停止指令后，系统在完成本工作周期任务即返回到初始步后才停止下来。

⑤ 当料仓中最后一个工件被推出后，将发生缺料报警。推料气缸复位到位，亦即完成本工作周期任务即返回到初始步后，也应停止下来。

按上述分析，可画出如图1-23所示的系统主程序梯形图。

供料单元子程序的步进顺序流程如图1-24所示，初始步S0.0在主程序中，当系统准备就绪且接收到起动脉冲时被置位。

2. 供料单元PLC程序的运行及调试

在调试编程之前先要检查供料单元的初始状态是否满足要求，填写供料单元初态调试工作单，见表1-8。

表1-8 供料单元初态调试工作单

	调 试 内 容	是	否	原 因
1	顶料气缸是否处于缩回状态			
2	推料气缸是否处于缩回状态			
3	物料仓内物料是否充足			
4	HL1指示灯状态是否正常			
5	HL2指示灯状态是否正常			

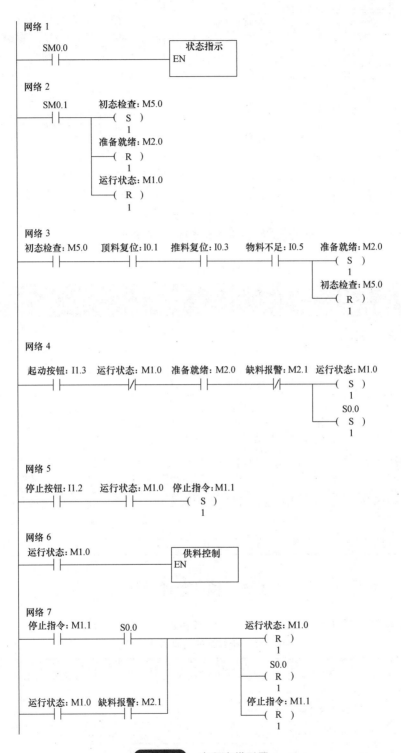

图 1-23　主程序梯形图

在调试过程中，仔细观察执行机构的动作，动作是否正确，运行是否合理，并做好实时记录（见表1-9），作为分析的依据，来分析程序可能存在的问题。

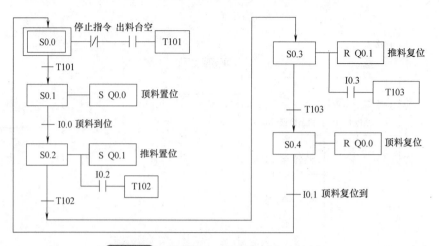

图 1-24 供料单元子程序的步进顺序流程

表 1-9　供料单元运行状态调试工作单

起动按钮按下后		是	否	原因
	调试内容	是	否	原因
1	HL1 指示灯是否点亮			
2	HL2 指示灯是否常亮			
3	物料台有料时　顶料气缸是否动作			
	推料气缸是否动作			
4	物料台无料时　顶料气缸是否动作			
	推料气缸是否动作			
5	物料仓内物料不足时　HL1 灯是否闪烁，1Hz			
	指示灯 HL2 保持常亮			
6	料仓内没有工件时　HL1 是否闪烁，2Hz			
	HL1 是否闪烁，2Hz			
7	料仓没有工件时，供料动作是否继续			
停止按钮按下后				
1	HL1 指示灯是否常亮			
2	HL2 指示灯是否熄灭			
3	工作状态是否正常			

1.5　检 查 评 议

供料单元项目自我评价表见表 1-10，项目考核评定表见表 1-11。

表 1-10　供料单元项目自我评价表

评价内容	分值/分	得分/分	需提高部分
机械安装与调试	20		
气路连接与调试	20		
电气安装与调试	25		
程序设计与调试	25		
绑扎工艺及工位整理	10		
不足之处			
优点			

表 1-11 供料单元项目考核评定表

项目分类		考核内容	分值分	工作要求	评分标准	老师评分
专业能力（90分）	电气接线	1. 正确连接装置侧、PLC侧的接线端子排	10	1. 装置侧三层接线端子电源、信号连接正确，PLC侧两层接线端子电源、信号连接正确 2. 传感器供电使用输入端电源，电磁阀等执行机构使用输出端电源 3. 按照I/O分配表正确连接供料站的输入与输出	1. 电源与信号接反，每处扣2分 2. 其他每错一处扣1分	
		2. 接线、布线规格平整	10	线头处理干净，无导线外漏，接线端子上最多压入两个线头，导线绑扎利落，线槽走线平整	若有违规操作，每处扣2分	
	机械安装	1. 正确、合理使用装配工具	10	能够正确使用各装配工具拆装供料站，不出现多或少螺钉	不会用、错误使用不得分（教师提问、学生操作），多或少一个螺钉扣2分	
		2. 正确安装供料站	10	安装供料站后不多件、不少件	多件、少件、安装不牢每处扣2分	
	程序调试	1. 正确编制梯形图程序及调试	40	梯形图格式正确，各电磁阀控制顺序正确，梯形图整体结构合理，模拟量采集与输出均正确。运行动作正确（根据运行情况可修改和完善）	根据任务要求动作不正确，每处扣5分，模拟量采集、输出不正确扣1分	
		2. 运行结果及口试答辩	10	程序运行结果正确，表述清楚，口试答辩准确	对运行结果表述不清楚者扣10分	
职业素质能力(10分)		相互沟通、团结配合能力	5	善于沟通，积极参与，与组长、组员配合默契，不产生冲突	根据自评、互评、教师点评而定	
		清扫场地、整理工位	5	场地清扫干净，工具、桌椅摆放整齐	不合格，不得分	
合计						

1.6 故障及处理

供料站装置侧常见故障及处理见表 1-12，PLC 侧常见故障及处理见表 1-13。

供料单元常见故障及处理方法

表 1-12　供料站装置侧常见故障及处理

供料单元装置侧常见故障及处理方法	常见故障	处理方法
	电缆线接口接触不良	检查插针和插口情况
	端子接线错误和接口不良	用万用表检查接口
	电磁阀线圈电线接触不良	拆开接口维修
	气管插口漏气现象	重插或维修
	调节阀关闭至气缸不动	调整气流量
	磁性开关不检测	调整位置或检查电路
	传感器不检测	调整灵敏度或检查电路
	出料口传感器没反应	调整位置或检查电路

表 1-13　PLC 侧常见故障及处理

供料单元 PLC 侧常见故障及处理方法	常见故障	处理方法
	电缆线接口接触不良	检查插针和插口情况
	端子排的输入和输出不正常	检查接线或端子口
	直流电源接线错误	用万用表测量
	开关电源不正常	检测交流输入和直流输出
	PLC 工作电源故障	检查总电源输出
	PLC 输入端子接触不良	检修端子或更换 PLC
	熔丝熔断	检查或更换
	PLC 输出端子接触不良	检修端子或更换 PLC
	指示灯模块端子接触不良	检查接线连接情况
	指示灯按钮不工作	拆开维修

1.7　问题与思考

1. 若运行时料仓工件充足但物料不足，传感器没有信号传回 PLC，分析可能产生这一现象的原因、检测过程及解决方法。

2. 推料气缸不动作未能将物料推到工作台上，分析可能产生这一现象的原因、检测过程及解决方法。

3. 如果在加工过程中出现意外情况如何处理？

4. 思考：如果采用网络控制，如何实现？

1.8　技　能　测　试

项目2

柔性自动化生产线加工单元安装与调试

 学习目标

知识目标

➢ 熟悉加工单元的结构及工作过程。

➢ 了解薄膜气缸和气动手指的工作原理及结构。

➢ 掌握加工单元气动控制原理。

➢ 熟练掌握加工单元电气接线方法与规则。

能力目标

➢ 能够正确完成加工单元的组装。

➢ 能够绘制气动控制原理图，并正确安装气路。

➢ 能够设计电气接线图，并正确接线。

➢ 能够正确编写加工料单元 PLC 控制程序，并下载调试。

素养目标

➢ 培养学生沟通交流能力。

➢ 培养学生创新理念和创新意识。

➢ 培养学生勤学苦练、爱岗敬业的职业精神。

课前导读

2.1 项目描述

1. 加工单元的功能与结构

加工单元是工件处理单元之一，在整个系统中，起着对输送站送来的工件进行模拟冲孔或冲压加工等作用。加工单元的功能是完成把待加工工件从物料台移送到加工区域冲压气缸的正下方；完成对工件的冲压加工，然后把加工好的工件重新送回物料台的过程。加工单元的结构如图 2-1 所示。

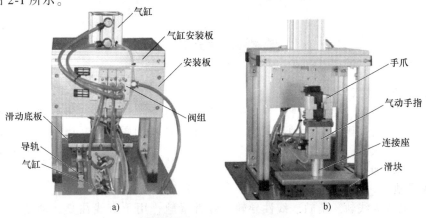

a)   b)

图 2-1　加工单元的结构

a）背视图　b）前视图

2. 加工单元的控制要求

本单元按钮/指示灯模块上的工作方式选择开关置于"单站方式"位置。具体控制要求如下。

加工单元控制要求及工作过程

1）初始状态：设备上电和气源接通后，滑动加工台伸缩气缸处于伸出位置，加工台气动手爪处于松开状态，冲压气缸处于缩回位置，急停按钮没有按下。

若设备在上述初始状态，则"正常工作"指示灯 HL1 常亮，表示设备准备好。否则，该指示灯以 1Hz 频率闪烁。

2）若设备已准备好，按下起动按钮，设备起动，"设备运行"指示灯 HL2 常亮。当待加工工件送到加工台上并被检出后，设备将工件夹紧，送往加工区域进行冲压，完成冲压动作后返回待料位置的工件进入加工工序。如果没有停止信号输入，当再有待加工工件送到加工台上时，加工单元又开始下一周期的工作。

3）在工作过程中，按下停止按钮，加工单元在完成本周期的动作后停止工作，HL2 指示灯熄灭。

2.2 相关知识

加工单元所使用的相关传感器在项目一中已有介绍，不再复述。这里只介绍加工单元中所用到的薄型气缸、气动手爪（气指）、直线导轨。

1. 薄型气缸

薄型气缸属于省空间气缸类，即气缸的轴向或径向尺寸比标准气缸有较大减小的气缸。它具有结构紧凑、重量轻、占用空间小等优点。图 2-2 所示为薄型气缸实例。薄型气缸的特点是：缸筒与无杆侧端盖压铸成一体，杆盖用弹性挡圈固定，缸体为方形。这种气缸通常用于固定夹具和搬运中固定工件等。薄型气缸用于冲压，这主要是考虑气缸行程短的特点。

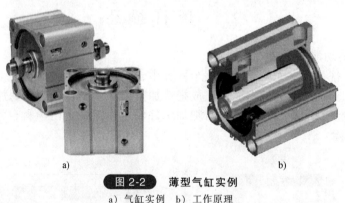

a)   b)

图 2-2　薄型气缸实例

a）气缸实例　b）工作原理

2. 气动手爪（气指）

气动手爪用于抓取、夹紧工件。气爪通常有滑动导轨型、支点开闭型和回转驱动型等工作方式。本加工站所使用的是滑动导轨型气动手爪。从剖面图看出，当下口进气时，中间机构向上移动，气爪张开；当上口进气、下口排气时，中间机构向下移动，手爪夹紧。气动手爪实物和工作原理如图 2-3 所示。

3. 直线导轨

直线导轨又称为线轨、滑轨、线性导轨、线性滑轨，用于直线往复运动场合，拥有比直线轴承更高的额定负载，同时也可以承担一定的扭矩，可在高负载的情况下实现高精度的直线运动。直线导轨分为方形滚珠直线导轨、双轴芯滚轮直线导轨、单轴芯直线导轨。

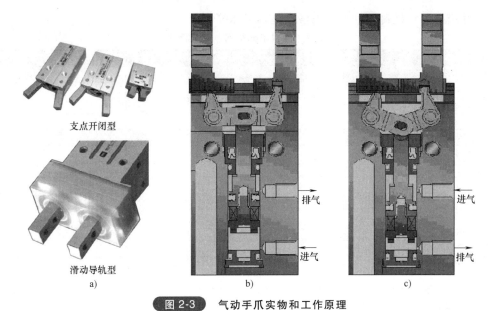

支点开闭型

滑动导轨型

a)　　　　　　　　　　　　　　　　　　　　　　b)　　　　　　　　　　　　c)

排气

进气

进气

排气

图 2-3　气动手爪实物和工作原理

a) 气动手爪实物　b) 气爪松开状态　c) 气爪夹紧状态

直线导轨的作用是用来支撑和引导运动部件，按给定的方向做往复直线运动。按摩擦性质，直线运动导轨可以分为摩擦导轨、弹性摩擦导轨、流体摩擦导轨。直线导轨主要用在精度比较高的机械结构上。它有两个基本元件：其一是作为导向的固定元件，另外一个是移动元件，两种元件之间不用中间介质，而用滚动钢珠。因为滚动钢珠适用于高速运动，摩擦因数小、灵敏度高，满足运动部件的工作要求。

直线导轨是一种滚动导引，它由钢珠在滑块与导轨之间作无限滚动循环，使得负载平台能沿着导轨以高精度作线性运动，其摩擦因数可降至传统滑动导引的 1/50，使之能达到很高的定位精度。在直线传动领域中，直线导轨副一直是关键性产品，目前已成为各种机床、数控加工中心、精密电子机械中不可缺少的重要功能部件。

直线导轨副通常按照滚珠在导轨和滑块之间的接触牙型进行分类，主要有两列式和四列式两种。本书中提到的设备选用普通级精度的两列式直线导轨副，其接触角在运动中能保持不变，刚性也比较稳定。图 2-4a 是导轨副截面图，图 2-4b 是装配好的直线导轨副。

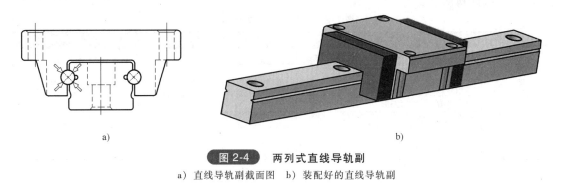

a)　　　　　　　　　　　　　　　　　　　　　　b)

图 2-4　两列式直线导轨副

a) 直线导轨副截面图　b) 装配好的直线导轨副

2.3　项目准备

在实施项目前，应按照材料、工具清单（见表 2-1）逐一检查供料单元所需材料、工具是否齐全，并填好各种材料的数量、规格、是否损坏等情况。

表 2-1 供料单元材料、工具清单

材料名称	规格	数量	是否损坏
PLC			
物料台			
滑动机构			
加工(冲压)机构			
电磁阀组			
接线端口			
光电传感器			
磁性开关			
按钮指示灯模块盒			
底板			
万用表			
内六角扳手			
小活扳手			
呆扳手			
小一字螺钉旋具			
小十字螺钉旋具			

2.4 项目实施

学习了前面的知识，对加工单元应该已有全面的了解，为了有计划地完成本次项目，要先做好任务分工和实施计划。

1. 任务分工

四人一组，每名成员要有明确分工，角色安排及负责任务如下。

程序设计员：小组的组长，负责整个项目的统筹安排并设计调试程序。

机械安装工：负责加工单元的机械、传感器、气路的安装及调试。

电气接线工：负责加工单元的电气接线。

资料整理员：负责整个实施过程的资料准备整理工作。

2. 实施计划

项目实施计划见表 2-2。

表 2-2 加工单元实施计划

实施步骤	实施内容	计划完成时间	实际完成时间	备注说明
1	根据控制要求准备材料			
2	安装机械部分、传感器、电磁阀			
3	气动回路设计、安装、调试			
4	电气线路设计及连接			
5	程序编译及调试			
6	文件整理			
7	总结评价			

2.4.1 加工单元的机械组装

加工单元主要由控制系统和加工装置两部分组成。加工装置安装在工作台上，控制系统安装在工作台下方的抽屉中，装置侧的信号通过接线端子排与控制系统相连，如图 2-5 所示。

控制系统（同供料单元的控制系统一样）主要组成部分有：直流开关电源、PLC、按钮

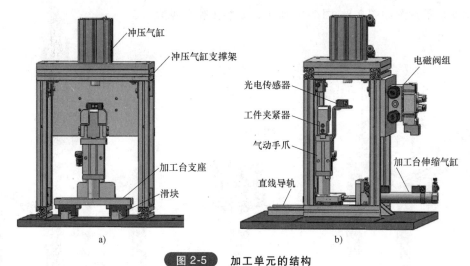

图 2-5 加工单元的结构

a）前视图 b）右视图

指示灯模块盒、线槽、端子排等。其中按钮指示灯模块盒上的器件包括：红、绿、黄指示灯各一只，红、绿常开按钮各一只，选择开关一只，急停按钮一只，接线端子排一块。

加工装置主要由滑动加工台组件（见图 2-6）和加工机构组件（见图 2-7）组成。滑动物料台用于固定被加工工件，并把工件移动到加工（冲压）机构正下方进行冲压加工。它主要由手爪、气动手爪、伸缩气缸、线性导轨及滑块、磁感应接近开关和漫射式光电传感器组成。

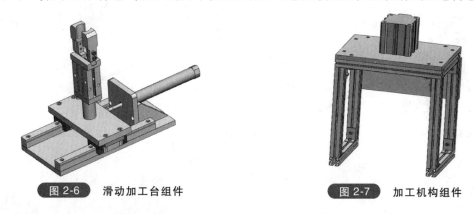

图 2-6 滑动加工台组件　　图 2-7 加工机构组件

滑动物料台在系统正常工作后的初始状态为伸缩气缸伸出、物料台气动手爪张开的状态，当输送机构把物料送到物料台上后，物料检测传感器检测到工件后，PLC 控制程序驱动气动手爪将工件夹紧，然后物料台缩回到加工区域即冲压气缸下方，此时冲压气缸活塞杆向下伸出冲压工件，完成冲压动作之后向上缩回，物料台重新伸出，到位后气动手爪松开，完成工件加工工序，并向系统发出加工完成信号，为下一次工件加工做好准备。

在滑动物料台上安装一个漫反射式光电开关。若物料台没有工件，则漫射式光电开关处于常态；若物料台上有工件，则光电接近开关动作。该光电传感器的输出信号送到加工单元 PLC 的输入端，用以判别物料台上是否有工件需进行加工，加工过程结束后，物料台伸出到初始位置。

1. 加工单元的安装

加工单元的机械装配包括两部分：一是加工机构组件装配，二是滑动加工台组件装配，然后再进行总装。

加工单元装置
侧机械安装

具体安装示意图如图 2-8~图 2-10 所示，安装工作单见表 2-3。

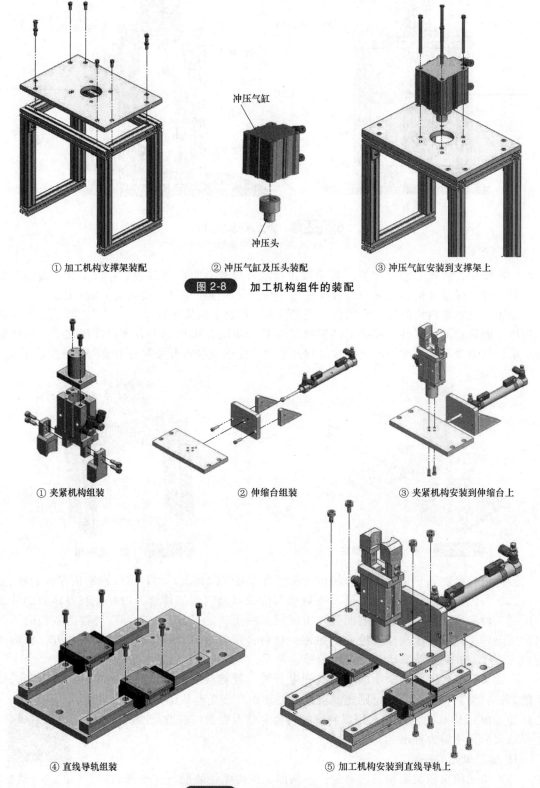

① 加工机构支撑架装配　　　② 冲压气缸及压头装配　　　③ 冲压气缸安装到支撑架上

冲压气缸

冲压头

图 2-8　加工机构组件的装配

① 夹紧机构组装　　　　　② 伸缩台组装　　　　　③ 夹紧机构安装到伸缩台上

④ 直线导轨组装　　　　　⑤ 加工机构安装到直线导轨上

图 2-9　加工台机械装配过程

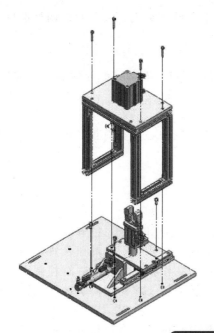
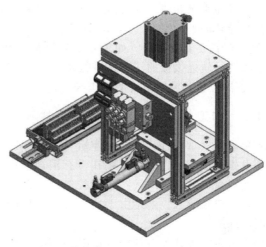

图 2-10 加工单元组件的装配

表 2-3 加工单元机械安装工作单

安装步骤	计划时间	实际时间	工具	是否返工,返工原因及解决方法
物料台滑动机构的安装				
冲压机构的安装				
支撑架的安装				
传感器的安装				
电磁阀的安装				
整体安装				
调试过程	直线导轨是否平行: 是 否 原因及解决方法:			
	冲压头与工件中心是否对正: 是 否 原因及解决方法:			
	气路是否能正常换向: 是 否 原因及解决方法:			
	其他故障及解决方法:			

在完成以上各组件的装配后，首先将物料夹紧及运动送料部分和整个安装底板连接固定，再将铝合金支撑架安装在大底板上，最后将加工组件部分固定在铝合金支撑架上，即可完成加工单元的装配。

2. 加工单元安装时的注意事项

① 安装直线导轨副时应注意：要小心，轻拿轻放，避免磕碰以影响导轨副的直线精度；不要将滑块拆离导轨或超过行程又推回去。调整两直线导轨的平行时，要一边移动安装在两导轨上的安装板，一边拧紧固定导轨的螺栓。

加工单元装置
侧机械拆卸

② 如果加工组件部分的冲压头和加工台上的工件中心没有对正，可以通过调整推料气缸旋入两导轨连接板的深度来进行对正。

3. 加工单元机械部分的调试

① 导轨要灵活，否则调整导轨固定螺钉或滑板固定螺钉。安装直线导轨副要轻拿轻放，避免磕碰，以免影响导轨副的直线精度；不要将滑块拆离导轨或超过行程又推回去；要注意调整两直线导轨的平行度。

② 气缸位置要安装正确。如果冲压头和加工台上工件的中心没有对正，可以通过调整推料气缸旋入两导轨连接板的深度来进行调整。

③ 传感器位置和灵敏度要调整正确。

2.4.2 加工单元的气路连接与调试

加工单元的气爪气缸、物料台伸缩气缸和冲压气缸均分别用一个二位五通的带手控开关的单电控电磁阀控制，它们均安装在带有消声器的汇流板上，并分别对冲压气缸、物流台气爪气缸和物料台伸缩气缸的气路进行控制，以改变各自的动作状态。冲压气缸控制电磁阀所配的快速接头口径较大，这是由于冲压缸对气体的压力和流量要求比较高、冲压气缸的配套气管较粗的缘故。

电磁阀所带手控开关有锁定（LOCK）和开启（PUSH）两种。在进行设备调试时，使手控开关处于开启位置，可以使用手控开关对阀进行控制，从而实现对相应气路的控制，以改变冲压缸等执行机构的控制，从而达到调试的目的。

加工单元气动控制回路的工作原理如图 2-11 所示。

1B1 和 1B2 为安装在冲压气缸两个极限工作位置的磁感应接近开关，2B1 和 2B2 为安装在加工伸缩气缸两个极限工作位置的磁感应接近开关，3B1 为安装在气爪工作位置的磁感应接近开关。1Y、2Y 和 3Y 分别为控制冲压气缸、加工台伸缩气缸和手爪气缸的电磁阀的电磁控制端。

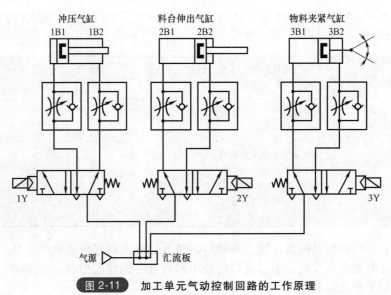

图 2-11 加工单元气动控制回路的工作原理

当气源接通时，物料台伸缩气缸的初始状态是在伸出位置。这一点，在进行气路安装时应特别注意。

加工单元气路连接工作单见表 2-4。

表 2-4 加工单元气路连接工作单

调 试 内 容	是	否	不正确原因
气路连接是否无漏气现象			
物料夹紧气缸夹紧是否顺畅			
物料夹紧气缸松开是否顺畅			
料台气缸伸出是否顺畅			
料台气缸缩回是否顺畅			
冲压气缸下降是否顺畅			
冲压气缸提升是否顺畅			
备注			

2.4.3 加工单元的电气接线

1）加工单元装置侧接线端口信号端子的分配见表 2-5。

表 2-5 加工单元装置侧接线端口信号端子的分配

输入端口中间层			输出端口中间层		
端子号	设备符号	信号线	端子号	设备符号	信号线
2	SC	加工单元物料检测	2	3Y	夹紧电磁阀
3	3B2	工件夹紧检测	3		
4	2B2	加工台伸出到位	4	2Y	伸缩电磁阀
5	2B1	加工台缩回到位	5	1Y	冲压电磁阀
6	1B1	加工压头上限			
7	1B2	加工压头下限			
8#~17#端子没有连接			6#~14#端子没有连接		

2）加工单元选用 S7—224 型 PLC，其 AC/DC/RLY 主单元共 14 点输入和 10 点继电器输出。PLC 的 I/O 分配见表 2-6，接线原理图如图 2-12 所示。

表 2-6 加工单元 PLC 的 I/O 分配

输入信号				输出信号			
序号	PLC 输入点	信号名称	信号来源	序号	PLC 输出点	信号名称	信号来源
1	I0.0	加工单元物料检测		1	Q0.0	夹料电磁阀	
2	I0.1	工件夹紧检测		2	Q0.1		装置侧
3	I0.2	加工台伸出到位		3	Q0.2	料台伸缩电磁阀	
4	I0.3	加工台缩回到位	装置侧	4	Q0.3	加工压头电磁阀	
5	I0.4	加工压头上限		5	Q0.4		
6	I0.5	加工压头下限		6	Q0.5		
7	I0.6			7	Q0.6		
8	I0.7			8	Q0.7	黄色指示灯	
9	I1.0			9	Q1.0	绿色指示灯	按钮/指示灯模块
10	I1.1			10	Q1.1	红色指示灯	
11	I1.2	停止按钮		11			
12	I1.3	起动按钮	按钮/指示灯模块				
13	I1.4	急停按钮					
14	I1.5	工作方式选择					

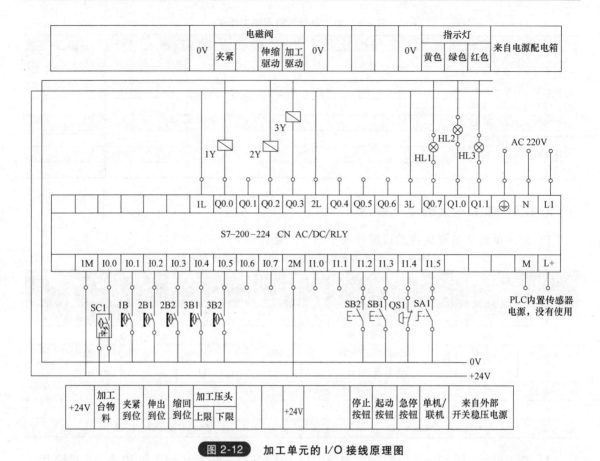

图 2-12　加工单元的 I/O 接线原理图

连接完毕后填写加工单元电气线路安装与调试工作单，见表 2-7。

表 2-7　加工单元电气线路安装及调试工作单

调 试 内 容	正确	错误	原因
物料台信号检测			
工件夹紧信号检测			
加工台伸出到位检测			
加工台缩回到位检测			
冲压头上限检测			
冲压头下限检测			

加工单元电
气接线

2.4.4　加工单元的程序设计及调试

加工站物料台的物料检测传感器检测到工件后，执行把待加工工件从物料台移送到加工区域冲压气缸的正下方。完成对工件的冲压加工，然后把加工好的工件重新送回物料台。

1. 加工单元的控制要求

① 初始状态。设备上电和气源接通后，滑动加工台伸缩气缸处于伸出位置，加工台气动手爪处于松开状态，冲压气缸处于缩回位置，急停按钮没有按下。若设备在上述初始状态，则"正常工作"指示灯 HL1 常亮，表示设备已准备好。否则，该指示灯以 1Hz 频率闪烁。

② 若设备已准备好，按下起动按钮，设备起动，"设备运行"指示灯 HL2 常亮。当待加工工件送到加工台上并被检出后，设备将工件夹紧，送往加工区域冲压，完成冲压动作后返回待料位置的工件进入加工工序。如果没有停止信号输入，当再有待加工工件送到加工台上时，加工单元又开始进行下一周期的工作。

③ 在工作过程中，若按下停止按钮，加工单元在完成本周期的动作后停止工作，HL2 指示灯熄灭。

④ 当急停按钮按下时，本单元所有机构应立即停止运行，HL2 指示灯以 1Hz 频率闪烁。急停按钮复位后，设备从急停前的断点开始继续运行。

2. 编写程序的思路

加工单元主程序流程与供料单元类似，也是 PLC 上电后首先进入初始状态的检查阶段，确认系统已经准备就绪后，才允许接收起动信号投入运行。但加工单元工作任务中增加了急停功能。为此，调用加工控制子程序的条件应该是"单元在运行状态"和"急停按钮未按"两者同时成立，如图 2-13 所示。

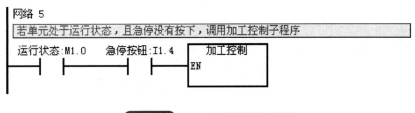

图 2-13 加工控制子程序调用

这样，当在运行过程中按下急停按钮时，立即停止调用加工控制子程序，但急停前当前步的 S 元件仍在置位状态，急停复位后，就能从断点开始继续运行。

加工过程也是一个顺序控制，其步进流程如图 2-14 所示。

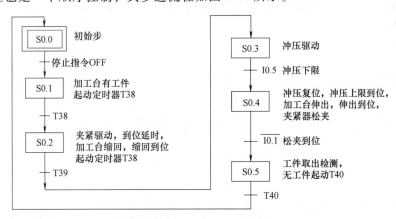

图 2-14 加工过程的步进流程

从流程图可以看到，当一个加工周期结束，只有加工好的工件被取走后，程序才能返回 S0.0 步，这就避免了重复加工的可能。

3. 调试与运行

1）在下载及运行程序前，必须认真检查程序。

2）在调试编程之前先要检查供料单元的初始状态是否满足要求，并完成加工单元初态调试及运行状态调试见表 2-8、表 2-9。

表2-8 加工单元初态调试

	调试内容	是	否	原因
1	物料台是否处于无工件状态			
2	物料夹紧气缸是否处于松开状态			
3	料台气缸是否处于伸出状态			
4	冲压气缸是否处于上限状态			
5	HL1指示灯状态是否正常			
6	HL2指示灯状态是否正常			

表2-9 加工单元运行状态调试

起动按钮按下后					
	调试内容		是	否	原因
1	HL1指示灯是否点亮				
2	HL2指示灯是否常亮				
3	物料台无料时	夹紧气缸是否动作			
		料台气缸是否动作			
		冲压气缸是否动作			
4	物料台有料时	夹紧气缸是否动作			
		料台气缸是否动作			
		冲压气缸是否动作			
7	单个周期工作完成后是否循环				
停止按钮按下后					
	调试内容		是	否	原因
1	HL1指示灯是否常亮				
2	HL2指示灯是否熄灭				
3	工作状态是否正常				

2.5 检查评议

加工单元项目自我评价见表2-10，项目考核评定见表2-11。

表2-10 加工单元项目自我评价

评价内容	分值/分	得分/分	需提高部分
机械安装与调试	20		
气路连接与调试	20		
电气安装与调试	25		
程序设计与调试	25		
绑扎工艺及工位整理	10		
不足之处			
优点			

表 2-11　加工单元项目考核评定

项目分类		考核内容	分值/分	工作要求	评分标准	老师评分
专业能力 （90分）	电气接线	1. 正确连接装置侧、PLC侧的接线端子排	10	1. 装置侧三层接线端子电源、信号连接正确，PLC侧两层接线端子电源、信号连接正确 2. 传感器供电使用输入端电源，电磁阀等执行机构使用输出端电源 3. 按照I/O分配表正确连接加工站的输入与输出	1. 电源与信号接反，每处扣2分 2. 其他每错一处扣1分	
		2. 接线、布线规格平整	10	线头处理干净，无导线外漏，接线端子上最多压入两个线头，导线绑扎利落，线槽走线平整	若有违规操作，每处扣2分	
	机械安装	1. 正确、合理使用装配工具	10	能够正确使用各装配工具拆装加工站，不出现多或少螺钉	不会用、错误使用不得分（教师提问、学生操作）多或少一个螺钉扣2分	
		2. 正确安装加工站	10	安装加工站后不多件、不少件	多件、少件、安装不牢每处扣2分	
	程序调试	1. 正确编制梯形图程序及调试	40	梯形图格式正确，各电磁阀控制顺序正确，梯形图整体结构合理，模拟量采集与输出均正确。运行动作正确（根据运行情况可修改和完善）	根据任务要求动作不正确，每处扣5分，模拟量采集、输出不正确扣1分	
		2. 运行结果及口试答辩	10	程序运行结果正确，表述清楚，口试答辩准确	对运行结果表述不清楚者扣10分	
职业素质能力（10分）		相互沟通、团结配合能力	5	善于沟通，积极参与，与组长、组员配合默契，不产生冲突	根据自评、互评、教师点评而定	
		清扫场地、整理工位	5	场地清扫干净，工具、桌椅摆放整齐	不合格，不得分	
合计						

加工单元常见故障与处理方法

2.6 故障及防治

PLC 侧故障情况及处理方法与项目/供料站的情况基本相同，不再复述，这里只介绍装置侧的常见故障及处理，见表 2-12。

表 2-12 装置侧常见故障及处理

常 见 故 障	处 理 方 法
电缆线接口接触不良	检查插针和插口情况
端子接线错误和接口不良	用万用表检查接口
电磁阀线圈电线接触不良	拆开接口维修
气管插口漏气现象	重插或维修
调节阀关闭至气缸不动	调整气流量
磁性开关不检测	调整位置或检查电路
传感器不检测	调整灵敏度或检查电路

2.7 问题与思考

1. 放入黑色加工工件，系统检测不到工件，分析可能产生的这一现象的原因，检测过程以及解决方法。

2. 运行过程中出现料台气缸伸出时动作不平稳，分析可能产生这一现象的原因、检测过程及解决方法。

3. 调试过程中出现的其他故障及解决方法。

4. 总结检查气动连线、传感器接线、I/O 检测及故障排除方法。

5. 如果在加工过程中出现意外情况如何处理？

6. 思考：如果采用网络控制如何实现？

7. 思考：加工单元可能出现的各种情况。

2.8 技 能 测 试

项目3

柔性自动化生产线装配单元安装与调试

学习目标

知识目标

➤ 熟悉装配单元的结构及工作过程。

➤ 了解摆动气缸的工作原理及结构。

➤ 掌握装配单元气动控制原理。

➤ 熟悉装配机械手的控制过程。

➤ 掌握警示灯的控制原理及接线方法。

能力目标

➤ 能够独立完成装配单元的加工机械组装和调试。

➤ 能够绘制装配单元的气动控制原理图，并正确安装气路。

➤ 能够设计装配单元电气接线图，并正确接线。

➤ 能够正确编写装配单元 PLC 控制程序，并下载调试。

素养目标

➤ 培养学生团队合作与沟通能力。

➤ 培养学生自主学习的能力。

➤ 培养学生的爱国主义精神。

➤ 培养学生刻苦钻研的劳模精神。

课前导读

3.1 项 目 描 述

1. 装配单元的功能与结构

装配单元是自动化生产线中对工件处理的另一单元，在整个系统中，起着对输送站送来的工件进行装配及小工件供料的作用，其结构组成如图 3-1 所示。

装配单元的功能是完成将该单元料仓内的黑色或白色小圆柱工件嵌入到放置在装配料斗

a)

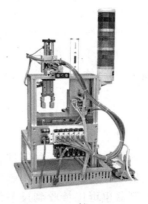

b)

图 3-1　装配单元的结构组成

a）前视图　b）背视图

装配单元控制要
求及工作过程

待装配工件中的装配过程。

2. 装配单元的控制要求

1）装配单元各气缸的初始位置为：挡料气缸处于伸出状态，顶料气缸处于缩回状态，料仓上有足够的小圆柱零件；装配机械手的升降气缸处于提升状态，伸缩气缸处于缩回状态，手爪处于松开状态。

设备上电和气源接通后，若各气缸满足初始位置要求，且料仓上已经有足够的小圆柱零件；工件装配台上没有待装配工件，则"正常工作"指示灯HL1 常亮，表示设备准备好。否则，该指示灯以 1Hz 频率闪烁。

2）若设备准备好，按下起动按钮，装配单元起动，"设备运行"指示灯 HL2 常亮。如果回转台上的左料盘内没有小圆柱零件，就执行下料操作；如果左料盘内有零件，而右料盘内没有零件，执行回转台回转操作。

3）如果回转台上的右料盘内有小圆柱零件且装配台上有待装配工件，执行装配机械手抓取小圆柱零件，放入待装配工件中的操作。

4）完成装配任务后，装配机械手应返回初始位置，等待下一次装配。

5）若在运行过程中按下停止按钮，则供料机构应立即停止供料，在装配条件满足的情况下，装配单元在完成本次装配后停止工作。

6）在运行中发生"工件不足"报警时，指示灯 HL3 以 1Hz 的频率闪烁，HL1 和 HL2 灯常亮；在运行中发生"工件没有"报警时，指示灯 HL3 以亮 1s，灭 0.5s 的方式闪烁，HL2 熄灭，HL1 常亮。

3.2　相　关　知　识

3.2.1　装配单元的传感器

装配单元所使用的磁性开关、光电传感器在项目 1 中已有介绍，不再复述。这里只介绍装配单元中使用的光纤传感器。

光纤传感器由光纤检测头、光纤放大器两部分组成，放大器和光纤检测头是彼此分离的两个部分，光纤检测头的尾端分成两条光纤，使用时分别插入放大器的两个光纤孔内。图 3-2 所示为光纤传感器的组成。

光纤传感器也是光电传感器的一种。光纤传感器具有抗电磁干扰、可工作于恶劣环境，传输距离远，使用寿命长等优点。此外，由于光纤检测头具有较小的体积，所以可以安装在很小的空间内。

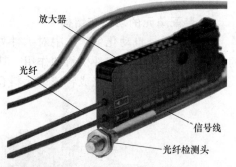

图 3-2　光纤传感器的组成

光纤式光电接近开关的放大器的灵敏度调节范围较大。当光纤传感器灵敏度调得较小时，对于反射性较差的黑色物体，光电探测器无法接收到反射信号；而对于反射性较好的白色物体，光电探测器就可以接收到反射信号。反之，若调高光纤传感器的灵敏度，则即使对反射性较差的黑色物体，光电探测器也可以接收到反射信号。

光纤传感器
介绍

图 3-3 所示为光纤传感放大器单元，调节其中部的 8 旋转灵敏度高速旋钮就能进行放大器灵敏度调节（顺时针旋转灵敏度增大）。调节时，会看到"入

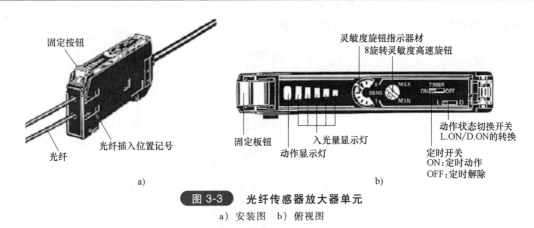

固定按钮

光纤

光纤插入位置记号

a)

灵敏度旋钮指示器材
8旋转灵敏度高速旋钮

固定板钮
动作显示灯
入光量显示灯

动作状态切换开关
L.ON/D.ON的转换

定时开关
ON：定时动作
OFF：定时解除

b)

图 3-3　光纤传感器放大器单元

a）安装图　b）俯视图

光量显示灯"发光的变化。当探测器检测到物料时，"动作显示灯"会亮，提示检测到物料。

E3Z-NA11 型光纤传感器电路结构框图如图 3-4 所示，接线时应注意根据导线颜色判断电源极性和信号输出线，切勿把信号输出线直接连接到电源+24V 端。

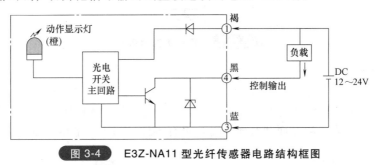

图 3-4　E3Z-NA11 型光纤传感器电路结构框图

3.2.2　装配单元的机械元件

装配单元的结构组成包括：管形料仓、供料机构、回转物料台、装配机械手、待装配工件的定位机构、气动系统及其阀组、信号采集及其自动控制系统，以及用于电器连接的端子排组件、整条生产线状态指示的信号灯和用于其他机构安装的铝型材支架及底板、传感器安装支架等其他附件。

1. 管形料仓

管形料仓用来存储装配用的金属、黑色和白色小圆柱零件。它由塑料圆管和中空底座构成。塑料圆管顶端放置加强金属环，以防止破损。工件竖直放入料仓的空心圆管内，由于两者之间有一定的间隙，使其能在重力作用下可以自由下落。

为了能对料仓供料不足和缺料进行报警，在塑料圆管底部和底座处分别安装了两个漫反射光电传感器（E3Z-L 型），并在料仓塑料圆柱上纵向铣槽，以使光电传感器的红外光斑能可靠照射到被检测的物料上。光电传感器的灵敏度调整应以能检测到黑色物料为准则。

2. 落料机构

图 3-5 所示为落料机构示意图。图中，料仓底座的背面安装了两个直线气缸。上面的气缸称为顶料气缸，下面的气缸称为挡料气缸。

系统气源接通后，顶料气缸的初始位置在缩回状态，挡料气缸的初始位置在伸出状态。这样，当从料仓上面放下工件时，工件将被挡料气缸活塞杆终端的挡块阻挡而不能落下。

需要进行落料操作时，首先使顶料气缸伸出，把次下层的工件夹紧，然后挡料气缸缩回，工件掉入回转物料台的料盘中。之后挡料气缸复位伸出，顶料气缸缩回，次下层工件跌落到挡料气缸终端挡块上，为再一次供料做好准备。

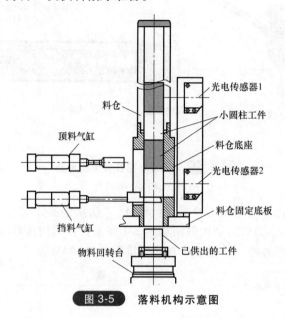

图 3-5　落料机构示意图

3. 回转物料台

该机构由气动摆台和两个料盘组成，气动摆台能驱动料盘旋转 180°，从而实现把从供料机构落下到料盘的工件移动到装配机械手正下方的功能。如图 3-6 所示，图中光电传感器 1 和光电传感器 2 分别用来检测左面和右面料盘是否有零件。两个光电传感器均选用 CX-441 型。

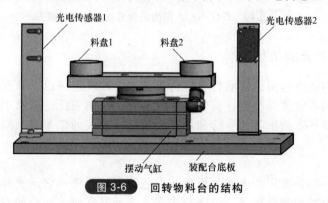

图 3-6　回转物料台的结构

4. 装配机械手

装配机械手是整个装配单元的核心。当装配机械手正下方的回转物料台料盘上有小圆柱零件，且装配台侧面的光纤传感器检测到装配台上有待装配工件的情况下，机械手从初始状态开始执行装配操作过程。装配机械手整体外形如图 3-7 所示。

装配机械手是一个三维运动的机构，它由水平方向移动和竖直方向移动的两个导向气缸和气动手指组成。

装配机械手的运行过程如下：

PLC 驱动与竖直移动气缸相连的电磁换向阀动作，由竖直移动带导杆气缸驱动气动手指向下移动，到位后，气动手指驱动手爪夹紧物料，并将夹紧信号通过磁性开关传送给 PLC，在 PLC 控制下，竖直移动气缸复位，被夹紧的物料随气动手指一并提起，当离开回转物料台的料盘，提升到最高位后，水平移动气缸在与之对应的换向阀的驱动下，活塞杆伸出，移动到气缸前端位置后，竖直移动气缸再次被驱动下移，移动到最下端位置，气动手指松开，经短暂延时，竖直移动气缸和水平移动气缸缩回，机械手恢复初始状态。

在整个机械手动作过程中，除气动手指松开到位无传感器检测外，其余动作的到位信号检测均采用与气缸配套的磁性开关，将采集到的信号输入给PLC，由PLC输出信号驱动电磁阀换向，使由气缸及气动手指组成的机械手按程序自动运行。

5. 装配台料斗

输送单元运送来的待装配工件直接放置在该机构的料斗定位孔中，由定位孔与工件之间的较小的间隙配合实现定位，从而完成准确的装配动作和定位精度，如图3-8所示。

为了确定装配台料斗内是否放置了待装配工件，使用了光纤传感器进行检测。料斗的侧面开了一个M6的螺孔，光纤传感器的光纤探头就固定在螺孔内。

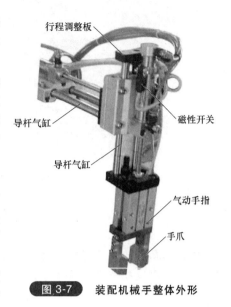

图 3-7 装配机械手整体外形

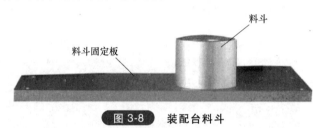

图 3-8 装配台料斗

6. 警示灯

本工作单元上安装有红、橙、绿三色警示灯，它是作为整个系统警示用的。警示灯有五根引出线，其中黄绿交叉线为地线；红色线为红色灯控制线；黄色线为橙色灯控制线；绿色线为绿色灯控制线；黑色线为信号灯公共控制线。具体接线情况如图3-9所示。

注意：警示灯用来指示自动生产线整体运行时的工作状态，装配单元单独运行时，可以不使用警示灯。

3.2.3 装配单元的气动元件

装配单元所使用的气动执行元件包括标准直线气缸、气动手指、气动摆台和导向气缸。前两种气缸在前面的项目实训中已有叙述，下面只介绍气动摆台和导向气缸。

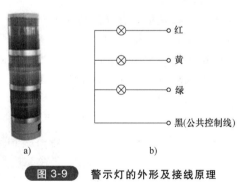

图 3-9 警示灯的外形及接线原理

a）外形 b）接线原理

1. 气动摆台

回转物料台的主要器件是气动摆台，它是由直线气缸驱动齿轮齿条实现回转运动的，其回转角度能在0°～90°和0°～180°之间任意可调，而且可以安装磁性开关，检测旋转到位信号，多用于方向和位置需要变换的机构，如图3-10所示。

气动摆台的摆动回转角度能在0°～180°范围内任意可调。当需要调节回转角度或调整摆动位置精度时，应首先松开调节螺杆上的反扣螺母，通过旋入和旋出调节螺杆，从而改变回转

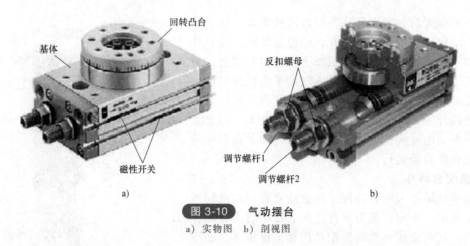

图 3-10　气动摆台

a）实物图　b）剖视图

凸台的回转角度，调节螺杆 1 和调节螺杆 2 分别用于左旋和右旋角度的调整。当调整好摆动角度后，应将反扣螺母与基体反扣锁紧，防止调节螺杆松动，造成回转精度降低。

回转到位的信号是通过调整气动摆台滑轨内的两个磁性开关的位置实现的，图 3-11 是磁性开关位置调整示意图。磁性开关安装在气缸体的滑轨内，松开磁性开关的紧固螺钉，磁性开关就可以沿着滑轨左右移动。确定开关位置后，旋紧紧固螺钉，即可完成位置的调整。

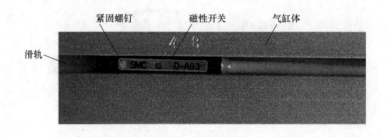

图 3-11　磁性开关位置调整示意图

2. 导向气缸

导向气缸是指具有导向功能的气缸。一般为标准气缸和导向装置的集合体。导向气缸具有导向精度高、抗扭转力矩大、承载能力强、工作平稳等特点。

装配单元用于驱动装配机械手水平方向移动的导向气缸的外形如图 3-12 所示。该气缸由直线运动气缸带双导杆和其他附件组成。

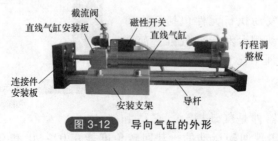

图 3-12　导向气缸的外形

安装支架用于导杆导向件的安装和导向气缸整体的固定，连接件安装板用于固定其他需要连接到该导向气缸上的物件，并将两导杆和直线气缸活塞杆的相对位置固定，当直线气缸的一端接通压缩空气后，活塞被驱动做直线运动，活塞杆也一起移动，被连接件安装板固定到一起的两导杆也随活塞杆伸出或缩回，从而实现导向气缸的整体功能。安装在导杆末端的行程调整板用于调整该导杆气缸的伸出行程。具体调整方法是松开行程调整板上的紧固螺钉，让行程调整板在导杆上移动，当达到理想的伸出距离以后，再完全锁紧紧固螺钉，完成行程的调节。

3.3 项目准备

在实施项目前，请同学们按照材料清单（见表3-1）逐一检查加工单元的所需材料是否齐全，并填好各种材料的数量、规格、是否损坏等情况。

表 3-1 装配单元材料清单

材料名称	规格	数量	是否损坏
半成品工件物料台			
管型料仓			
挡料气缸			
推料气缸			
气动摆台			
料盘			
气动手指			
导杆气缸			
装配台料斗			
警示灯			
电磁阀组			
光电传感器			
磁性开关			
按钮指示灯模块盒			
PLC			
底板			
走线槽			
万用表			
内六角扳手			
大、小活扳手			
呆板手			
小一字螺钉旋具			
小十字螺钉旋具			

3.4 项目实施

学习了前面的知识，应对装配单元已有了全面的了解，为了有计划地完成本次项目，我们要先做好任务分配和工作计划表。

1. 任务分工

四人一组，每名成员要有明确分工，角色安排及负责任务如下。

程序设计员：小组的组长，负责整个项目的统筹安排并设计调试程序。

机械安装工：负责加工元的机械、传感器、气路的安装及调试。

电气接线工：负责加工单元的电气接线。

资料整理员：负责整个实施过程的资料准备整理工作。

2. 实施计划（见表 3-2）

表 3-2　装配单元实施计划

实施步骤	实施内容	计划完成时间	实际完成时间	备注说明
1	根据控制要求准备材料			
2	安装机械部分、传感器、电磁阀			
3	气动回路设计、安装、调试			
4	电气线路设计及连接			
5	程序编译及调试			
6	文件整理			
7	总结评价			

3.4.1　装配单元的机械组装

1. 安装步骤和方法

装配单元是整个设备中所包含气动元件较多，结构较为复杂的单元，为了减小安装的难度和提高安装效率，在装配前，应认真分析其结构组成，认真观看录像，参考别人的装配工艺，认真思考，做好记录。遵循先前的思路，先构成组件，再进行总装，首先，所装配成的组件如图 3-13 所示。

装配单元装置
侧机械安装

小工件供料组件　　　　装配回转台组件　　　　装配机械手组件

小工件料仓组件　　　　左支撑架组件　　　　右支撑架组件

图 3-13　装配小组件

在完成以上组件的装配后，将与底板接触的型材放置在底板的联接螺纹之上，使用"L"形的连接件和联接螺栓，固定装配站的型材支撑架，然后把图 3-13 中的组件逐个安装上去。具体操作顺序为：固定型材支撑架→装配回转台组件→小工件料仓组件→小工件供料组件→装配固定小工件分配机构→装配机械手组件→装配阀组安装板，如图 3-14 所示。

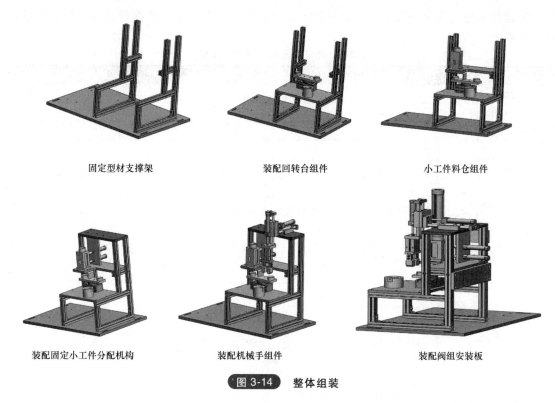

固定型材支撑架　　　　　　装配回转台组件　　　　　　小工件料仓组件

装配固定小工件分配机构　　　装配机械手组件　　　　　装配阀组安装板

图 3-14　整体组装

最后安装警示灯及各传感器，从而完成机械部分装配，如图 3-15 所示，安装工作单见表 3-3。

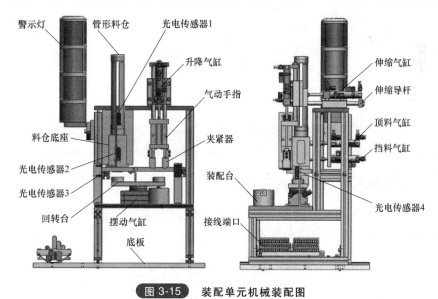

警示灯　管形料仓　光电传感器1
升降气缸
气动手指
料仓底座　　　　　　夹紧器
光电传感器2
光电传感器3
回转台
摆动气缸
底板

伸缩气缸
伸缩导杆
顶料气缸
挡料气缸
装配台
接线端口
光电传感器4

图 3-15　装配单元机械装配图

装配注意事项如下：

① 装配时要注意摆台的初始位置，以免装配完后摆动角度不到位，气缸摆台要调整到 180°，并且与回转物料台平行。

② 安装时，铝型材要对齐。

③ 导杆气缸行程要调整恰当。

④ 预留螺栓的放置一定要足够，以免造成组件之间不能完成安装。

装配单元装置
侧机械拆卸

43

⑤ 建议先进行装配，但不要一次拧紧各固定螺栓，待相互位置基本确定后，再依次进行调整固定。

表 3-3　装配单元机械安装工作单

安装步骤	计划时间	实际时间	工具	是否返工,返工原因及解决方法
落料支撑架的安装				
回转物料台的安装				
装配机械手的安装				
装配台料斗的安装				
警示灯的安装				
传感器的安装				
电磁阀的安装				
整体安装				
调试过程	工件落料是否准确：　　是　　否 原因及解决方法：			
	回转台回转位置是否到位：　　是　　否 原因及解决方法：			
	机械手夹取工件是否准确：　　是　　否 原因及解决方法：			
	零件嵌入工件位置是否有偏差：　　是　　否 原因及解决方法：			
	传感器是否能正常检测：　　是　　否 原因及解决方法：			
	气路是否能正常换向：　　是　　否 原因及解决方法：			
	其他故障及解决方法：			

3.4.2　装配单元的气路连接及调试

装配单元的阀组由 6 个二位五通单电控电磁换向阀组成，如图 3-16 所示。这些阀分别对供料、位置变换和装配动作气路进行控制，以改变各自的动作状态。

图 3-16　装配单元的阀组

在进行气路连接时，应注意各气缸的初始位置，其中，挡料气缸在伸出位置，手爪提升气缸在提起位置。

装配单元的气动控制回路的工作原理，如图3-17所示。

安装气路同时填写气路连接工作单，见表3-4。

装配单元气路调试

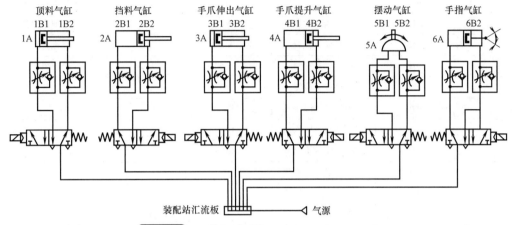

图 3-17 装配单元的气动控制回路的工作原理

表 3-4 装配单元气路连接工作单

调试内容	是	否	不正确原因
气路连接是否无漏气现象			
顶料气缸伸出是否顺畅			
顶料气缸缩回是否顺畅			
挡料气缸伸出是否顺畅			
挡料气缸缩回是否顺畅			
手爪导向气缸伸出是否顺畅			
手爪导向气缸缩回是否顺畅			
手爪导向气缸提升是否顺畅			
手爪导向气缸下降是否顺畅			
手指气缸夹紧是否顺畅			
手指气缸松开是否顺畅			

3.4.3 装配单元的电气接线

装配单元装置侧接线端口信号端子的分配见表3-5。

表 3-5 装配单元装置侧接线端口信号端子的分配

输入端口中间层			输出端口中间层		
端子号	设备符号	信号线	端子号	设备符号	信号线
2	SC1	工件不足检测	2	1Y	挡料电磁阀
3	SC2	工件有无检测	3	2Y	顶料电磁阀
4	SC3	左料盘零件检测	4	3Y	回转电磁阀

（续）

输入端口中间层			输出端口中间层		
端子号	设备符号	信号线	端子号	设备符号	信号线
5	SC4	右料盘零件检测	5	4Y	手爪夹紧电磁阀
6	SC5	装配台工件检测	6	5Y	手爪下降电磁阀
7	1B1	顶料到位检测	7	6Y	手爪伸出电磁阀
8	1B2	顶料复位检测	8	AL1	红色警示灯
9	2B1	挡料状态检测	9	AL2	橙色警示灯
10	2B2	落料状态检测	10	AL3	绿色警示灯
11	5B1	摆动气缸左限检测	11		
12	5B2	摆动气缸右限检测	12		
13	6B2	手爪夹紧检测	13		
14	4B1	手爪下降到位检测			
15	4B2	手爪上升到位检测			
16	3B1	手爪缩回到位检测			
17	3B2	手爪伸出到位检测			

注：警示灯用来指示设备整体运行时的工作状态，工作任务是装配单元单独运行，没有要求使用警示灯，可以不连接到 PLC 上。

装配单元的 I/O 点较多，选用 S7-226 型 PLC，其 AC/DC/RLY 主单元共有 24 点输入，16 点继电器输出。PLC 的 I/O 分配见表 3-6。

表 3-6　装配单元 PLC 的 I/O 分配

输入信号				输出信号			
序号	PLC 输入点	信号名称	信号来源	序号	PLC 输出点	信号名称	信号来源
1	I0.0	工件不足检测		1	Q0.0	挡料电磁阀 1Y	
2	I0.1	工件有无检测		2	Q0.1	顶料电磁阀 2Y	
3	I0.2	左料盘零件检测		3	Q0.2	回转电磁阀 3Y	
4	I0.3	右料盘零件检测		4	Q0.3	手爪夹紧电磁阀 4Y	
5	I0.4	装配台工件检测		5	Q0.4	手爪松开电磁阀 4Y	装置侧
6	I0.5	顶料到位检测		6	Q0.5	手爪下降电磁阀 5Y	
7	I0.6	顶料复位检测		7	Q0.6	手爪伸出电磁阀 6Y	
8	I0.7	挡料状态检测		8	Q0.7	红色警示灯	
9	I1.0	落料状态检测	装置侧	9	Q1.0	橙色警示灯	
10	I1.1	摆动气缸左限检测		10	Q1.1	绿色警示灯	
11	I1.2	摆动气缸右限检测		11	Q1.2		
12	I1.3	手爪夹紧检测		12	Q1.3		
13	I1.4	手爪下降到位检测		13	Q1.4		
14	I1.5	手爪上升到位检测		14	Q1.5	红色 HL1 指示灯	
15	I1.6	手爪缩回到位检测		15	Q1.6	绿色 HL2 指示灯	按钮/指示灯模块
16	I1.7	手爪伸出到位检测		16	Q1.7	黄色 HL3 指示灯	

（续）

序号	输入信号			序号	输出信号		
	PLC输入点	信号名称	信号来源		PLC输出点	信号名称	信号来源
17	I2.0						
18	I2.1						
19	I2.2						
20	I2.3						
21	I2.4	停止按钮					
22	I2.5	起动按钮	按钮/指示灯模块				
23	I2.6	急停按钮					
24	I2.7	单机/联机					

注：警示灯用来指示 YL-335B 整体运行时的工作状态，工作任务是装配单元单独运行，没有要求使用警示灯，可以不连接到 PLC 上。

装配单元电气接线

装配单元的接线原理图如图 3-18 所示。

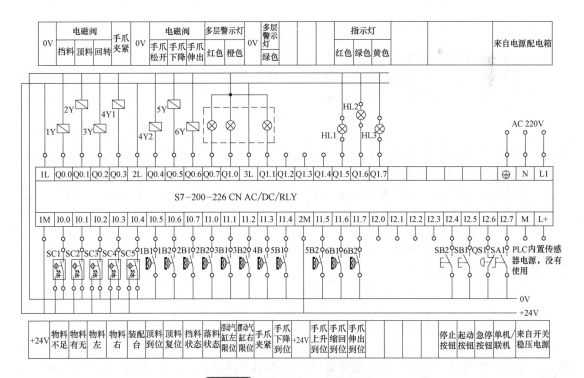

图 3-18　装配单元的接线原理图

在完成上述接线的同时，填写电气线路安装与调试工作单，见表 3-7。

表 3-7　装配单元电气线路安装及调试工作单

装配单元电气线路安装与调试工作单			
调试内容	正确	错误	原因
工件不足信号检测			
工件有无信号检测			
左转盘零件检测			
右转盘零件检测			
装配台工件检测			
顶料到位检测			
顶料复位检测			
挡料状态检测			
落料状态检测			
回转气缸左限位检测			
回转气缸右限位检测			
手爪夹紧检测			
手爪下降到位检测			
手爪提升地位检测			
手爪缩回到位检测			
手爪伸出到位检测			

3.4.4　装配单元的程序设计及调试

1. 装配单元的控制要求

① 装配单元各气缸的初始位置为：挡料气缸处于伸出状态，顶料气缸处于缩回状态，料仓上已经有足够的小圆柱零件；装配机械手的升降气缸处于提升状态，伸缩气缸处于缩回状态，气爪处于松开状态。

设备上电和气源接通后，若各气缸满足初始位置要求，且料仓上已经有足够的小圆柱零件；工件装配台上没有待装配工件。则"正常工作"指示灯 HL1 常亮，表示设备已准备好。否则，该指示灯以 1Hz 频率闪烁。

② 若设备已准备好，按下起动按钮，装配单元起动，"设备运行"指示灯 HL2 常亮。如果回转台上的左料盘内没有小圆柱零件，就执行下料操作；如果左料盘内有零件，而右料盘内没有零件，执行回转台回转操作。

③ 如果回转台上的右料盘内有小圆柱零件且装配台上有待装配工件，执行装配机械手抓取小圆柱零件，放入待装配工件中的操作。

④ 完成装配任务后，装配机械手应返回初始位置，等待下一次装配。

⑤ 若在运行过程中按下停止按钮，则供料机构应立即停止供料，在装配条件满足的情况下，装配单元在完成本次装配后停止工作。

⑥ 在运行中发生"工件不足"报警时，指示灯 HL3 以 1Hz 的频率闪烁，HL1 和 HL2 灯常亮；在运行中发生"工件没有"报警时，指示灯 HL3 以亮 1s、灭 0.5s 的方式闪烁，HL2 熄灭，HL1 常亮。

2. 编写程序的思路

① 进入运行状态后，装配单元的工作过程包括两个相互独立的子过程，一个是供料过程，

另一个是装配过程。

供料过程就是通过供料机构的操作，使料仓中的小圆柱零件下落到摆台左边料盘上；然后摆台转动，使装有零件的料盘转移到右边，以便装配机械手抓取零件。

装配过程是当装配台上有待装配工件，且装配机械手下方有小圆柱零件时，进行装配操作。

在主程序中，当初始状态检查结束，确认单元准备就绪，按下起动按钮进入运行状态后，应同时调用供料控制和装配控制两个子程序，如图 3-19 所示。

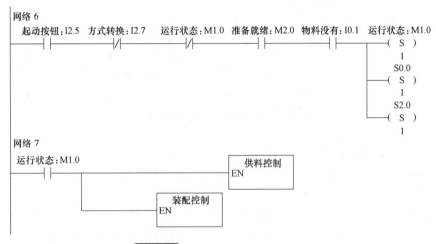

图 3-19　主程序调用两个子程序

② 供料控制过程包含两个互相联锁的过程，即落料过程和摆台转动、料盘转移的过程。在小圆柱零件从料仓下落到左料盘的过程中，禁止摆台转动；反之，在摆台转动过程中，禁止打开料仓（挡料气缸缩回）落料。

实现联锁的方法是：

当摆台的左限位或右限位磁性开关动作并且左料盘没有料，经定时确认后，开始落料过程。

当挡料气缸伸出到位使料仓关闭、左料盘有物料而右料盘为空，经定时确认后，开始摆台转动，直到达到限位位置。

图 3-20 给出了摆动气缸转动操作梯形图。

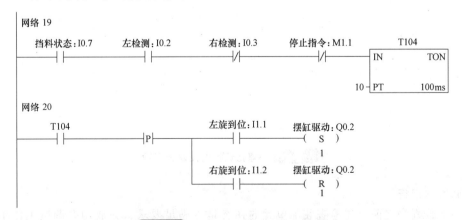

图 3-20　摆动气缸转动操作梯形图

③ 供料过程的落料控制和装配控制过程都是单序列步进顺序控制，这里只列写装配过程的控制梯形图，如图 3-21 所示。

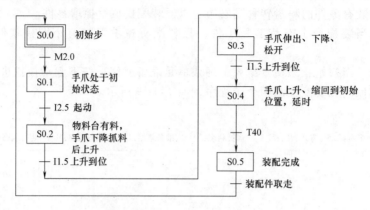

图 3-21 装配过程的控制梯形图

④ 停止运行，有两种情况：一是在运行中按下停止按钮，停止指令被置位；另一种情况是，当料仓中最后一个零件落下时，检测物料有无的传感器动作（I0.1　OFF），将发出缺料报警。

对于供料过程的落料控制，上述两种情况均应在料仓关闭，顶料气缸复位到位即返回到初始步后停止下次落料，并复位落料初始步。但对于摆台转动控制，一旦停止指令发出，则应立即停止摆台转动。

对于装配控制，上述两种情况也应在一次装配完成，装配机械手返回到初始位置后停止。仅当落料机构和装配机械手均返回到初始位置，才能复位运行状态标志和停止指令。停止运行的操作应在主程序中编制，其梯形图如图 3-22 所示。

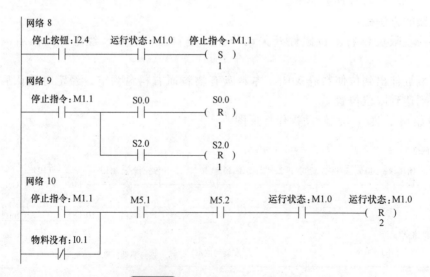

图 3-22 停止运行的控制梯形图

3. 调试与运行

① 在下载程序之前，先检查装配单元的初态是否满足要求，完成初态调试工作单，见表 3-8。

表 3-8 装配单元初态调试工作单

	调试内容	是	否	原因
1	顶料气缸是否处于缩回状态			
2	挡料气缸是否处于伸出状态			
3	物料仓内物料是否充足			
4	回转台位置是否正确			
5	手爪导向气缸是否处于缩回状态			
6	手爪导向气缸是否处于提升状态			
7	手指气缸是否处于松开状态			
8	物料台是否处于无工件状态			
9	HL1 指示灯状态是否正常			
10	HL2 指示灯状态是否正常			

② 下载程序后，主要检查设备动作状态是否满足要求，是否合理。填写调试工作单，见表 3-9。

表 3-9 装配单元动作状态调试工作单

起动按钮按下后				
	调试内容	是	否	原因
1	HL1 指示灯是否点亮			
2	HL2 指示灯是否常亮			
3	物料盘有料时	顶料气缸是否动作			
		推料气缸是否动作			
4	物料盘无料时	顶料气缸是否动作			
		推料气缸是否动作			
5	物料仓内物料不足时	HL1 灯是否闪烁，1Hz			
		指示灯 HL2 保持常亮			
6	料仓内没有工件时	HL1 是否闪烁，2Hz			
		HL1 是否闪烁，2Hz			
7	右料盘无料时	回转气缸是否动作			
8	物料台有工件时	手爪导向气缸是否动作			
		手爪导向气缸是否动作			
		手指气缸是否动作			
9	物料台无工件时	手爪导向气缸是否动作			
		手爪导向气缸是否动作			
		手指气缸是否动作			
料仓没有工件时，供料动作是否继续				
停止按钮按下后				
	调试内容	是	否	原因
1	HL1 指示灯是否常亮			
2	HL2 指示灯是否熄灭			
3	工作状态是否正常			

3.5 检查评议

装配单元项目自我评价见表 3-10，项目考核评定见表 3-11。

表 3-10 装配单元项目自我评价

评价内容	分值/分	得分/分	需提高部分
机械安装与调试	20		
气路连接与调试	20		
电气安装与调试	25		
程序设计与调试	25		
绑扎工艺及工位整理	10		
不足之处			
优点			

表 3-11 项目考核评定

项目分类		考核内容	分值/分	工作要求	评分标准	老师评分
专业能力（90分）	电气接线	1. 正确连接装置侧、PLC侧的接线端子排	10	1. 装置侧三层接线端子电源、信号连接正确，PLC侧两层接线端子电源、信号连接正确 2. 传感器供电使用输入端电源，电磁阀等执行机构使用输出端电源 3. 按照I/O分配表正确连接装配站的输入与输出	1. 电源与信号接反，每处扣2分 2. 其他每错一处扣1分	
		2. 接线、布线规格平整	10	线头处理干净，无导线外漏，接线端子上最多压入两个线头，导线绑扎利落，线槽走线平整	若有违规操作，每处扣2分	
	机械安装	1. 正确、合理使用装配工具	10	能够正确使用各装配工具拆装装配站，不出现多或少螺钉	不会用、错误使用不得分（教师提问、学生操作），多一个或少一个螺钉扣2分	
		2. 正确安装装配站	10	安装装配站后不多件、不少件	多件、少件、安装不牢每处扣2分	
	程序调试	1. 正确编制梯形图程序及调试	40	梯形图格式正确、各电磁阀控制顺序正确，梯形图整体结构合理，模拟量采集与输出均正确。运行动作正确（根据运行情况可修改和完善）	根据任务要求动作不正确，每处扣5分，模拟量采集、输出不正确扣1分	
		2. 运行结果及口试答辩	10	程序运行结果正确，表述清楚，口试答辩准确	对运行结果表述不清楚者扣10分	
职业素质能力（10分）		相互沟通、团结配合能力	5	善于沟通，积极参与，与组长、组员配合默契，不产生冲突	根据自评、互评、教师点评而定	
		清扫场地、整理工位	5	场地清扫干净，工具、桌椅摆放整齐	不合格，不得分	
合计						

3.6 故障及防治

PLC 侧故障情况及处理方法与项目 1 供料站的情况基本相同，不再复述，这里只介绍装置侧的常见故障及处理，见表 3-12。

装配单元常见故障与处理方法

表 3-12 装置侧的常见故障及处理

	常见故障	处理方法
装配单元装置侧常见故障及处理方法	电缆线接口接触不良	检查插针和插口情况
	端子接线错误和接口不良	用万用表检查接口
	电磁阀线圈电线接触不良 气管插口漏气现象	拆开接口维修 重插或维修
	调节阀关闭至气缸不动	调整气流量
	磁性开关不检测	调整位置或检查电路
	手爪伸出不到位	调节定位螺栓
	挡料伸出不到位	检查物料和顶料位置
	抓不到物料	调节定位螺栓
	物料检测不到	调整光纤放大器和检查电路
	回转台运动不到位	检查电路和调整回转角度
	传感器检测不到	调整机械位置和检查电路

3.7 问题与思考

1. 若运行时料仓工件充足，但物料不足，致使传感器没有信号传回 PLC，分析可能产生这一现象的原因、检测过程及解决方法。

2. 机械手夹取零件装配过程中发生零件脱落，分析可能产生这一现象的原因、检测过程及解决方法。

3. 调试过程中出现的其他故障及解决方法。

4. 总结检查气动连线、传感器接线、I/O 检测及故障排除方法。

5. 如果在装配过程中出现意外情况如何处理？

6. 思考：如果采用网络控制如何实现？

7. 思考：装配单元可能出现的各种情况。

8. 如果出现装配机械手反复执行装配动作不停止，分析可能产生这一现象的原因。

9. 料仓物料报警，如果使用警示灯显示报警信息，该如何操作呢？例如：零件不足时，红灯以 1Hz 频率闪烁，绿灯和橙灯常亮；零件没有时，警示灯中红色灯以亮 1s、灭 0.5s 的方式闪烁，橙灯熄灭，绿灯常亮。

3.8 技 能 测 试

项目4

柔性自动化生产线分拣单元安装与调试

 学习目标

知识目标

➤ 熟悉分拣单元的结构及工作过程。

➤ 掌握分拣单元气动控制原理。

➤ 掌握步进电动机及驱动方法。

➤ 熟悉旋转编码器的工作原理。

➤ 熟悉并掌握变频驱动的工作原理及功能。

➤ 掌握 PLC 的高速计数器指令功能。

➤ 掌握人机界面技术的功能及应用。

能力目标

➤ 能够独立完成分拣单元的加工机械组装和调试。

➤ 能够绘制分拣单元气动控制原理图，并正确安装气路。

➤ 能够设计分拣单元电气接线图，并正确接线。

➤ 能够正确编写分拣单元 PLC 控制程序，并下载调试。

➤ 能够正确安装并使用旋转编码器。

➤ 能够正确安装变频器并按要求设定变频器参数。

➤ 能够实现 PLC、触摸屏之间的通信。

➤ 能够设计触摸屏监控界面，并实现监控功能。

素养目标

➤ 培养学生热爱家乡、为家乡做贡献的道德情感及社会责任感。

➤ 培养学生攻坚克难的劳模精神。

课前导读

4.1 项目描述

1. 分拣单元的结构组成

如图 4-1 所示，分拣单元是 YL-335B 中的最末单元，完成对上一单元送来的已加工、装配的工件进行分拣，使不同颜色的工件从不同的料槽分流的功能。当输送站送来工件放到传送带上并为入料口光电传感器检测到时，即起动变频器，工件开始送入分拣区进行分拣。

传送和分拣机构主要由传送带、出料滑槽、推料（分拣）气缸、漫射式光电传感器、光纤传感器、磁感应接近式传感器组成。传送已经加工、装配好的工件，在光纤传感器检测到后进行分拣。

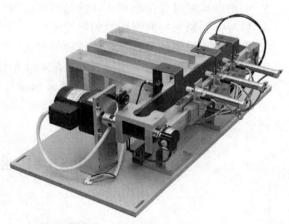

图 4-1 分拣单元的机械结构总成

传送带是把机械手输送过来已加工好的工件进行传输，输送至分拣区。导向器用纠偏机械手输送过来的工件。两条物料槽分别用于存放加工好的黑色、白色工件或金属工件。

传送和分拣的工作原理是：当输送站送来工件放到传送带上并为入料口漫射式光电传感器检测到时，将信号传输给 PLC，通过 PLC 的程序起动变频器，电动机运转驱动传送带工作，把工件带进分拣区，如果进入分拣区的工件为白色，则检测白色物料的光纤传感器动作，作为 1 号槽推料气缸起动信号，将白色物料推到 1 号槽里，如果进入分拣区的工件为黑色，则检测黑色物料的光纤传感器动作，作为 2 号槽推料气缸起动信号，将黑色物料推到 2 号槽里。

2. 分拣单元的控制要求

1）设备的工作目标是完成对白色芯金属工件、白色芯塑料工件和黑色芯的金属或塑料工件进行分拣。为了在分拣时准确推出工件，要求使用旋转编码器进行定位检测，并且工件材料和芯体颜色属性应在推料气缸前的适应位置被检测出来。

2）设备上电和气源接通后，若分拣单元的三个气缸均处于缩回位置，则"正常工作"指示灯 HL1 常亮，表示设备准备好。否则，该指示灯以 1Hz 频率闪烁。

分拣单元控制要求及工作过程

3）若设备准备好，按下起动按钮，系统起动，"设备运行"指示灯 HL2 常亮。当传送带入料口人工放下已装配的工件时，变频器即起动，驱动电动机以频率固定为 30Hz 的速度把工件带往分拣区。

如果工件为白色芯金属件，则该工件对到达 1 号滑槽中间，传送带停止，工件被推到 1 号槽中；如果工件为白色芯塑料，则该工件到达 2 号滑槽中间，传送带停止，工件被推到 2 号槽中；如果工件为黑色芯，则该工件到达 3 号滑槽中间，传送带停止，工件被推到 3 号槽中。工件被推出滑槽后，该工作单元的一个工作周期结束。仅当工件被推出滑槽后，才能再次向传送带下料。如果在运行期间按下停止按钮，该工作单元在本工作周期结束后停止运行。

分拣单元工件分拣过程

4.2　相关知识

4.2.1　旋转编码器

分拣单元的控制中，传送带定位控制是由光电编码器来完成的。同时，光电编码器还要完成电动机转速的测量。

旋转编码器（见图 4-2）是通过光电转换，将输出至轴上的机械、几何位移量转换成脉冲或数字信号的传感器，主要用于速度或位置（角度）的检测。典型的旋转编码器是由光栅盘和光电检测装置组成的。光栅盘是在一定直径的圆板上等分地开通若干个长方形狭缝。由于光电码盘与电动机同轴，电动机旋转时，光栅盘与电动机同速旋转，经发光二极管等电子元器件组成的检测装置检测输出若干脉冲信号；通过计算每秒旋转编码器输出脉冲的个数就能

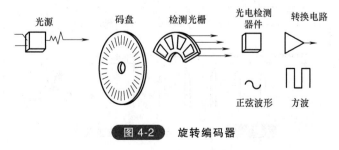

图 4-2　旋转编码器

反映当前电动机的转速。

一般来说，根据旋转编码器产生脉冲的方式的不同，可以分为增量式、绝对式以及复合式三大类。自动化生产线上常采用的是增量式旋转编码器，其工作如图 4-3 所示。

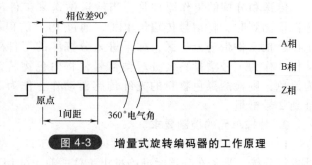

图 4-3 增量式旋转编码器的工作原理

增量式旋转编码器是直接利用光电转换原理输出三组方波脉冲 A、B 和 Z 相；A、B 两组脉冲相位差 90°，用于辨向：当 A 相脉冲超前 B 相时为正转方向，而当 B 相脉冲超前 A 相时则为反转方向。Z 相为每转一个脉冲，用于基准点定位。

分拣单元使用了这种具有 A、B 两相 90°相位差的通用型旋转编码器，用于计算工件在传送带上的位置。编码器直接连接到传送带主动轴上。该旋转编码器的三相脉冲采用 NPN 型集电极开路输出，分辨率 500 线，工作电源为 DC 12～24V。本工作单元没有使用 Z 相脉冲，A、B 两相输出端直接连接到 PLC 的高速计数器输入端。

计算工件在传送带上的位置时，需确定每两个脉冲之间的距离即脉冲当量。分拣单元主动轴的直径为 $d=43$mm，则减速电动机每旋转一周，传送带上工件移动距离 $L=\pi d=3.14 \times 43$mm $=136.35$mm。故脉冲当量 μ 为 $\mu=L/500 \approx 0.273$mm。当工件从下料口中心线移至传感器中心时，旋转编码器约发出 430 个脉冲；移至第一个推杆中心点时，约发出 614 个脉冲；移至第二个推杆中心点时，约发出 963 个脉冲；移至第三个推杆中心点时，约发出 1284 个脉冲。

应该指出的是，上述脉冲当量的计算只是理论上的。实际上各种误差因素不可避免，例如传送带主动轴直径（包括传送带厚度）的测量误差，传送带的安装偏差、张紧度，分拣单元整体在工作台面上定位偏差等，都将影响理论计算值。因此理论计算值只能作为估算值。脉冲当量的误差所引起的累积误差会随着工件在传送带上运动距离的增大而迅速增加，甚至达到不可容忍的地步。因而在分拣单元安装调试时，除了要仔细调整尽量减少安装偏差外，尚须现场测试脉冲当量值。图 4-4 所示为分拣单元组件安装位置尺寸。

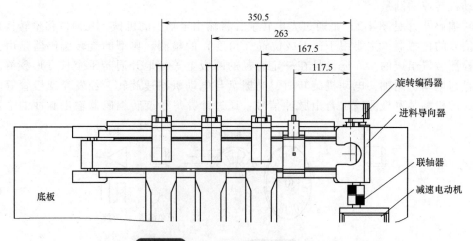

图 4-4 分拣单元组件安装位置尺寸

4.2.2 变频器的认知

1. 通用变频器的工作原理

通用变频器是通过控制输出正弦波的驱动电源来控制电动机的方向和速度的，它是以恒电压频率比（U/f）保持磁通不变为基础，经过正弦波脉宽调制（SPWM）驱动主电路，以产生 A、B、C 三相交流电驱动三相交流异步电动机。

正弦波的脉宽调制波是将正弦半波分成 n 等分，每一区间的面积用与其相等的等幅不等宽的矩形面积代替，如图 4-5 所示。矩形脉冲所组成的波形就与正弦波等效，正弦波的正负半周均如此处理。SPWM 调制的控制信号为幅值和频率均可调的正弦波，载波信号为三角波。该电路采用正弦波控制，三角波调制，当控制电压高于三角波电压时，比较器输出电压 u_d 为"高"电平，否则输出"低"电平。SPWM 交-直-交变压变频器的工作原理如图 4-6 所示。

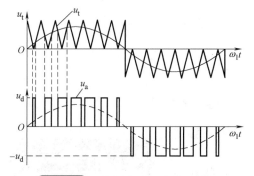

图 4-5 控制信号正弦波和载波

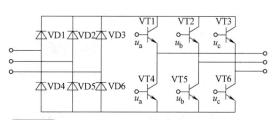

图 4-6 SPWM 交-直-交变压变频器的工作原理

SPWM 是先将 50Hz 交流电经变压器得到所需的电压后，经二极管整流桥和 LC 滤波，形成恒定的直流电压，再送入 6 个大功率晶体管构成的逆变器主电路，输出三相频率和电压均可调整的等效于正弦波的脉宽调制波（SPWM），即可拖动三相异步电动机运转。

以 A 相为例，只要正弦控制波的最大值低于三角波的幅值，就导通 VT1，封锁 VT4，这样就输出等幅不等宽的 SPWM 脉宽调制波。SPWM 调制波经功率放大才能驱动电动机。SPWM 变频器功率放大主回路中，左侧的桥式整流器将工频交流电变成直流恒值电压，给逆变器供电。等效正弦脉宽调制波 u_a、u_b、u_c 送入 VT1～VT6 的基极，则逆变器输出脉宽按正弦规律变化的等效矩形电压波，经滤波变成正弦交流电用来驱动交流伺服电动机。

2. 认识西门子通用变频器 MM420

西门子通用变频器 MM420 由微处理器控制，并采用具有现代先进技术水平的绝缘栅双极型晶体管（IGBT）作为功率输出器件，它们具有很高的运行可靠性和功能的多样性。脉冲宽度调制的开关频率是可选的，降低了电动机运行的噪声。

（1）MM420 变频器的额定参数

◇ 电源电压：380~480V，三相交流。

◇ 额定输出功率：0.75kW。

◇ 额定输入电流：2.4A。

◇ 额定输出电流：2.1A。

◇ 外形尺寸：A 型。

◇ 操作面板：基本操作板（BOP）。

MM420 参数介绍及
快速设置方法

（2）MM420 变频器的接线 打开变频器的盖子后，就可以看到变频器的接线端子，如图 4-7 所示。

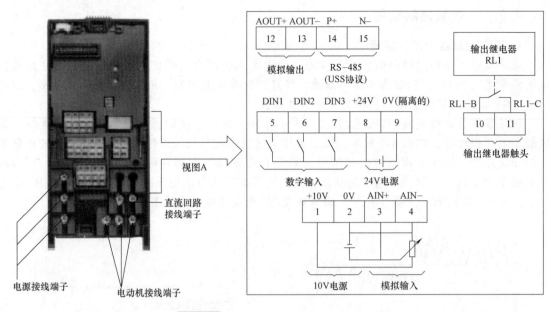

图 4-7　MM420 变频器的接线端子

注意：接地线 PE 必须连接到变频器接地端子，并连接到交流电动机的外壳。

带有人机交互接口基本操作面板（BOP），核心部件为CPU 单元，根据参数的设定，经过运算输出控制正弦波信号，经过 SPWM 调制，放大输出三相交流电压驱动三相交流电动机运转。

（3）变频器的操作面板　MM420 变频器是一个智能化的数字式变频器，在基本操作板（BOP）上可以进行参数设置。图4-8 给出了基本操作面板（BOP）的外形。BOP 具有 7 段显示的五位数字，可以显示参数的序号和数值、报警和故障信息，以及设定值和实际值。参数信息不能用 BOP 存储。基本操作面板（BOP）备有 8 个按钮，表 4-1 列出了这些按钮的功能。

图 4-8　BOP 操作面板

表 4-1　基本操作板 BOP 上的按钮及其功能

显示/按钮	功能	功能说明
r0000	状态显示	LCD 显示变频器当前的设定值
I	起动变频器	按此键起动变频器。默认值运行时此键是被封锁的。为了使此键的操作有效，应设定 P0700 = 1
0	停止变频器	OFF1：按此键，变频器将按选定的斜坡下降速率减速停机，默认值运行时此键被封锁；为了允许此键操作，应设定 P0700 = 1 OFF2：按此键两次（或一次，但时间较长）电动机将在惯性作用下自由停车。此功能总是"使能"的
⟲	改变电动机的转动方向	按此键可以改变电动机的转动方向，电动机反向时，用负号表示或用闪烁的小数点表示。默认值运行时此键是被封锁的，为了使此键的操作有效应设定 P0700 = 1

（续）

显示/按钮	功能	功能说明
jog	电动机点动	在变频器无输出的情况下按此键，将使电动机起动，并按预设定的点动频率运行。释放此键时，变频器停机。如果变频器/电动机正在运行，按此键将不起作用
Fn	功能	此键用于浏览辅助信息 变频器运行过程中，在显示任何一个参数时按下此键并保持不动 2s，将显示以下参数（在变频器运行中从任何一个参数开始） 1. 直流回路电压（用 d 表示，单位为 V） 2. 输出电流（A） 3. 输出频率（Hz） 4. 输出电压（用 o 表示，单位为 V） 5. 由 P0005 选定的数值（如果 P0005 选择显示上述参数中的任何一个，即 3,4 或 5，这里将不再显示） 连续多次按下此键将轮流显示以上参数 跳转功能在显示任何一个参数（rXXXX 或 PXXXX）时短时间按下此键，将立即跳转到 r0000，如果需要，可以接着修改其他的参数。跳转到 r0000 后，按此键将返回原来的显示点
P	访问参数	按此键即可访问参数
▲	增加数值	按此键即可增加面板上显示的参数数值
▼	减少数值	按此键即可减少面板上显示的参数数值

（4）MM420 变频器的参数号及参数名称　参数号是指该参数的编号。参数号用 0000 ~ 9999 的 4 位数字表示。在参数号的前面冠以一个小写字母"r"时，表示该参数是"只读"的参数。其它所有参数号的前面都冠以一个大写字母"P"。这些参数的设定值可以直接在标题栏的"最小值"和"最大值"范围内进行修改。

［下标］表示该参数是一个带下标的参数，并且指定了下标的有效序号。通过下标，可以对同一参数的用途进行扩展，或对不同的控制对象，自动改变所显示的或所设定的参数。

（5）MM420 变频器的参数设置方法　用 BOP 可以修改和设定系统参数，使变频器具有期望的特性，例如，斜坡时间、最小频率和最大频率等。选择的参数号和设定的参数值在 5 位数字的 LCD 上显示。更改参数的数值的步骤可大致归纳为：

1）查找所选定的参数号。

2）进入参数值访问级，修改参数值。

3）确认并存储修改好的参数值。

参数 P0004（参数过滤器）的作用是根据所选定的一组功能，对参数进行过滤（或筛选），并集中对过滤出的一组参数进行访问，从而可以更方便地进行调试。P0004 可能的设定值见表 4-2，默认的设定值 = 0。

表 4-2　参数 P0004 的设定值

设定值	所指定参数组意义	设定值	所指定参数组意义
0	全部参数	12	驱动装置的特征
2	变频器参数	13	电动机的控制
3	电动机参数	20	通信
7	命令,二进制 I/O	21	报警/警告/监控
8	模-数转换和数-模转换	22	工艺参量控制器(例如 PID)
10	设定值通道/ RFG(斜坡函数发生器)		

修改 P0004 设定值的步骤见表 4-3。

表 4-3　改变参数 P0004 设定数值的步骤

序号	操作内容	显示结果
1	按 ⓟ 访问参数	r0000 Hz
2	按 ⊙ 直到显示出 P0004	P0004 Hz
3	按 ⓟ 进入参数数值访问级	0 Hz
4	按 ⊙ 或 ⊙ 达到所需要的数值	3 Hz
5	按 ⓟ 确认并存储参数的数值	P0004 Hz
6	使用者只能看到命令参数	

（6）MM420 变频器的参数访问　MM420 变频器有数千个参数，为了能快速访问指定的参数，MM420 采用把参数分类，屏蔽（过滤）不需要访问的类别的方法实现。实现这种过滤功能的有如下几个参数。

P0004 是实现这种参数过滤功能的重要参数。当完成了 P0004 的设定以后再进行参数查找时，在 LCD 上只能看到 P0004 设定值所指定类别的参数。

P0010 是调试参数过滤器，对与调试相关的参数进行过滤，只筛选出那些与特定功能组有关的参数。P0010 的可能设定值为：0（准备），1（快速调试），2（变频器），29（下载），30（工厂的默认设定值）；默认设定值为 0。

P0003 用于定义用户访问参数组的等级，设置范围为 1~4，见表 4-4。

表 4-4　P0003 访问等级设置

设定值	功能	功能说明
1	标准级	可以访问最经常使用的参数
2	扩展级	允许扩展访问参数的范围,例如变频器的 I/O 功能
3	专家级	只供专家使用
4	维修级	只供授权的维修人员使用,具有密码保护

该参数默认设置为等级 1（标准级），对于大多数简单的应用对象，采用标准级就可以满足要求了。用户可以修改设置值，但建议不要设置为等级 4（维修级），用 BOP 或 AOP 操作板看不到第 4 访问级的参数。

例 1 用 BOP 进行变频器的"快速调试"。

快速调试包括电动机参数和斜坡函数的参数设定；并且进行电动机参数的修改，仅当快速调试时有效。在进行"快速调试"以前，必须完成变频器的机械和电气安装。当选择 P0010 = 1 时，进行快速调试。

表 4-5 是对应分拣单元选用的电动机参数设置。

表 4-5 设置电动机参数

参数号	出厂值	设置值	说明
P0003	1	1	设用户访问级为标准级
P0010	0	1	快速调试
P0100	0	0	设置使用地区,0=欧洲,功率以 kW 表示,频率为 50Hz
P0304	400	380	电动机额定电压（V）
P0305	1.90	0.18	电动机额定电流（A）
P0307	0.75	0.03	电动机额定功率（kW）
P0310	50	50	电动机额定频率（Hz）
P0311	1395	1300	电动机额定转速（r/min）

快速调试与参数 P3900 的设定有关，当其被设定为 1 时，快速调试结束后，要完成必要的电动机计算，并使其他所有参数（P0010 = 1 不包括在内）复位为工厂的默认设置。当 P3900 = 1 并完成快速调试后，变频器已做好了运行准备。

例 2 将变频器复位为工厂的默认设定值。

如果用户在参数调试过程中遇到问题，并且希望重新开始调试，通常采用首先把变频器的全部参数复位为工厂的默认设定值，再重新调试的方法。为此，应按照下面的数值设定参数：首先设定 P0010 = 30，然后设定 P0970 = 1。按下 P 键，便开始进行参数的复位。变频器将自动地把它的所有参数都复位为它们各自的默认设定值。复位为工厂默认设定值的时间大约要 60s。

（7）命令信号源的选择（P0700）和频率设定值的选择（P1000） P0700 这一参数用于指定命令源，可能的设定值见表 4-6，默认值为 2。

表 4-6 P0700 的设定值

设定值	所指定参数值意义	设定值	所指定参数值意义
0	工厂的缺省设置	4	通过 BOP 链路的 USS 设置
1	BOP（键盘）设置	5	通过 COM 链路的 USS 设置
2	由端子排输入	6	通过 COM 链路的通信板（CB）设置

注意，当改变这一参数时，同时也使所选项目的全部设置值复位为工厂的默认设定值。例如：把它的设定值由 1 改为 2 时，所有的数字输入都将复位为默认设定值。

P1000 这一参数用于选择频率设定值的信号源。其设定值可达 0～66。默认设定值为 2。实际上，当设定值≥10 时，频率设定值将来源于两个信号源的叠加。其中，主设定值由最低一位数字（个位数）来选择（即 0～6），而附加设定值由最高一位数字（十位数）来选择（即 $x0～x6$，其中，$x = 1～6$）。下面只说明常用主设定信号源的意义。

◇ 0：无主设定值。

◇ 1：MOP（电动电位差计）设定值。取此值时，选择基本操作板（BOP）的按键指定输出频率。

◇ 2：模拟设定值。输出频率由 3~4 端子两端的模拟电压（0~10V）设定。

◇ 3：固定频率。输出频率由数字输入端子 DIN1~DIN3 的状态指定。用于多段速控制。

◇ 5：通过 COM 链路的 USS 设定。即通过按 USS 协议的串行通讯线路设定输出频率。

例 3 电动机速度的连续调整。

变频器的参数在出厂默认值时，命令源参数 P0700 = 2，指定命令源为"外部 I/O"；频率设定值信号源 P1000 = 2，指定频率设定信号源为"模拟量输入"。这时，只需在 AIN+（端子 3）与 AIN−（端子 4）加上模拟电压（DC 0~10V 可调）；并使数字输入 DIN1 信号为 ON，即可起动电动机实现电动机速度连续调整。

例 4 模拟电压信号从变频器内部 DC10V 电源获得。

用一个 4.7kΩ 电位器连接内部电源 +10V 端和 0V 端，中间抽头与 AIN+ 相连。连接主电路后接通电源，使 DIN1 端子的开关短接，即可起动/停止变频器，旋动电位器即可改变频率实现电动机速度连续调整。

电动机速度调整范围：上述电动机速度的调整操作中，电动机的最低速度取决于参数 P1080（最低频率），最高速度取决于参数 P2000（基准频率）。

P1080 属于"设定值通道"参数组（P0004 = 10），默认值为 0.00Hz。

P2000 是串行链路，模拟 I/O 和 PID 控制器采用的满刻度频率设定值，属于"通信"参数组（P0004 = 20），默认值为 50.00Hz。

如果默认值不满足电动机速度调整的要求范围，就需要调整这两个参数。另外需要指出的是，如果要求最高速度高于 50.00Hz，则设定与最高速度相关的参数时，除了设定参数 P2000 外，尚须设置参数 P1082（最高频率）。

P1082 也属于"设定值通道"参数组（P0004 = 10），默认值为 50.00Hz，即参数 P1082 限制了电动机运行的最高频率。因此最高速度要求高于 50.00Hz 的情况下，需要修改 P1082 参数。

电动机运行的加、减速度的快慢，可用斜坡上升和下降时间表征，分别由参数 P1120、P1121 设定。这两个参数均属于"设定值通道"参数组，并且可在快速调试时设定。

P1120 是斜坡上升时间，即电动机从静止状态加速到最高频率（P1082）所用的时间。设定范围为 0~650s，默认值为 10s。

P1121 是斜坡下降时间，即电动机从最高频率（P1082）减速到静止停机所用的时间。设定范围为 0~650s，默认值为 10s。

注意：如果设定的斜坡上升时间太短，有可能导致变频器过电流跳闸；同样，如果设定的斜坡下降时间太短，有可能导致变频器过电流或过电压跳闸。

例 5 模拟电压信号由外部给定，电动机可正反转。

为此，参数 P0700（命令源选择），P1000（频率设定值选择）应为默认设置，即 P0700 = 2（由端子排输入），P1000 = 2（模拟输入）。从模拟输入端 3（AIN+）和 4（AIN−）输入来自外部的 0~10V 直流电压（例如从 PLC 的 D-A 模块获得），即可连续调节输出频率的大小。

用数字输入端口 DIN1 和 DIN2 控制电动机的正反转方向时，可通过设定参数 P0701、P0702 实现。例如，使 P0701 = 1（DIN1 ON 接通正转，OFF 停止），P0702 = 2（DIN2 ON 接通反转，OFF 停止）。

（8）多段速控制 当变频器的命令源参数 P0700 = 2（外部 I/O），选择频率设定的信号源参数 P1000 = 3（固定频率），并设定数字输入端子 DIN1、DIN2、DIN3 等相应的功能后，就可以通过外接的开关器件的组合通断改变输入端子的状态实现电动机速度的有级调整。这种控制频率的方式称为多段速控制功能。

◇选择数字输入1（DIN1）功能的参数为P0701，默认值=1。

◇选择数字输入2（DIN2）功能的参数为P0702，默认值=12。

◇选择数字输入3（DIN3）功能的参数为P0703，默认值=9。

为了实现多段速控制功能，应该修改这3个参数，给DIN1、DIN2、DIN3端子赋予相应的功能。

参数P0701、P0702、P0703均属于"命令，二进制I/O"参数组（P0004=7），可能的设定值见表4-7。

表4-7　参数P0701、P0702、P0703可能的设定值

设定值	所指定参数值意义	设定值	所指定参数值意义
0	禁止数字输入	13	MOP（电动电位计）升速（增加频率）
1	接通正转/停机命令1	14	MOP降速（减少频率）
2	接通反转/停机命令1	15	固定频率设定值（直接选择）
3	按惯性自由停车	16	固定频率设定值（直接选择+ON命令）
4	按斜坡函数曲线快速降速停机	17	固定频率设定值（二进制编码的十进制数（BCD码）选择+ON命令）
9	故障确认	21	机旁/远程控制
10	正向点动	25	直流注入制动
11	反向点动	29	由外部信号触发跳闸
12	反转	33	禁止附加频率设定值
		99	使能BICO参数化

由表4-7可见，参数P0701、P0702、P0703设定值取15，16，17时，选择固定频率的方式确定输出频率（FF方式）。这三种选择说明如下。

① 直接选择（P0701~P0703=15）。在这种操作方式下，一个数字输入选择一个固定频率。如果有几个固定频率输入同时被激活，选定的频率是它们的总和。例如：FF1+FF2+FF3。在这种方式下，还需要一个ON命令才能使变频器投入运行。

② 直接选择+ON命令（P0701~P0703=16）。选择固定频率时，既有选定的固定频率，又带有ON命令，把它们组合在一起。在这种操作方式下，一个数字输入选择一个固定频率。如果有几个固定频率输入同时被激活，选定的频率是它们的总和。例如：FF1+FF2+FF3。

③ 二进制编码的十进制数（BCD码）选择+ON命令（P0701~P0703=17）。使用这种方法最多可以选择7个固定频率。各个固定频率的数值见表4-8。

表4-8　固定频率的数值选择

		DIN3	DIN2	DIN1
	OFF	不激活	不激活	不激活
P1001	FF1	不激活	不激活	激活
P1002	FF2	不激活	激活	不激活
P1003	FF3	不激活	激活	激活
P1004	FF4	激活	不激活	不激活
P1005	FF5	激活	不激活	激活
P1006	FF6	激活	激活	不激活
P1007	FF7	激活	激活	激活

综上所述，为实现多段速控制的参数设置步骤如下。

P0004＝7，选择"外部 I/O"参数组，然后设定 P0700＝2；指定命令源为"由端子排输入"。

P0701、P0702、P0703＝15～17，确定数字输入 DIN1、DIN2、DIN3 的功能。

P0004＝10，选择"设定值通道"参数组，然后设定 P1000＝3，指定频率设定值信号源为固定频率。

设定相应的固定频率值，即设定参数 P1001～P1007 有关对应项。

例如：要求电动机能实现正反转和高、中、低三种转速的调整，高速时运行频率为 40Hz，中速时运行频率为 25Hz，低速时运行频率为 15Hz。则变频器参数调整的步骤见表 4-9。

表 4-9　3 段固定频率控制参数

步骤号	参数号	出厂值	设置值	说明
1	P0003	1	1	设用户访问级为标准级
2	P0004	0	7	命令组为命令和数字 I/O
3	P0700	2	2	命令源选择"由端子排输入"
4	P0003	1	2	设用户访问级为扩展级
5	P0701	1	16	DIN1 功能设定为固定频率设定值（直接选择+ON）
6	P0702	12	16	DIN2 功能设定为固定频率设定值（直接选择+ON）
7	P0703	9	12	DIN3 功能设定为接通时反转
8	P0004	0	10	命令组为设定值通道和斜坡函数发生器
9	P1000	2	3	频率给定输入方式设定为固定频率设定值
10	P1001	25		固定频率 1
11	P1002	5	15	固定频率 2

设置上述参数后，将 DIN1 置为高电平，DIN2 置为低电平，变频器输出 25Hz（中速）；将 DIN1 置为低电平，DIN2 置为高电平，变频器输出 15Hz（低速）；将 DIN1 置为高电平，DIN2 置为高电平，变频器输出 40Hz（高速）；将 DIN3 置为高电平，电动机反转。

4.2.3　西门子 S7—200PLC 高速计数器指令

分拣单元使用了具有 A、B 两相 90°相位差的旋转编码器，用于计算工件在传送带上的位置。编码器直接连接到传送带主动轴上。该旋转编码器的三相脉冲采用 NPN 型集电极开路输出，分辨率 500 线，工作电源 DC12～24V。A、B 两相输出端直接连接到 PLC（S7—200—224XP　AC/DC/RLY 主单元）的高速计数器输入端。

计算工件在传送带上的位置时，需确定每两个脉冲之间的距离即脉冲当量。分拣单元主动轴的直径为 $d=43mm$，则减速电动机每旋转一周，传送带上工件移动距离 $L=\pi d=3.14\times43mm=135.09\ mm$。故脉冲当量 μ 为 $\mu=L/500=0.27\ mm$，即工件每移动 0.27mm，光电编码器就发出一个脉冲。

1. 认知高速计数器

S7—200 有 6 个均可以运行在最高频率而互不影响的高速计数器 HSC0～HSC5，6 个高速计数器又分别可以设置 12 种不同的工作模式，其计数频率与 PLC 的扫描周期无关。

（1）高速计数器的工作模式

1）工作模式0、1或2。带有内部方向控制的单相增/减高速计数器，可用高速计数器的控制字节的第3位（6个高速计数器分别对应SM37.3，SM47.3，SM57.3，SM 137.3，SM 147.3和SM 157.3）来控制增/减计数，该位为1时增计数，为0时减计数。

2）工作模式3、4或5。带有外部方向控制的单相增/减高速计数器，外部方向信号为1时增计数，为0时减计数。

3）工作模式6、7或8。有增减计数时钟输入的双相高速计数器，当增计数时钟到来时增计数，减计数时钟到来时减计数。如果增计数时钟与减计数时钟的上升沿出现的时间间隔不到0.3ms，高速计数器的当前值不变，也不会有计数方向变化的指示。

4）工作模式9、10或11。A/B相正交高速计数器，其输入的两路计数脉冲的相位差为$\pi/4$（与光栅、磁栅和光电编码器的输出相匹配）。当A相信号相位超前B相信号相位$\pi/4$时，进行增计数，反之，当A相信号相位落后B相信号相位$\pi/4$时，进行减计数。A/B相正交高速计数器又有两种倍频模式：1倍频模式在时钟的每一个周期计1次数；4倍频模式在时钟的每一个周期计4次数。

（2）高速计数器的外部输入点　高速计数器对外部输入点进行了划分，以保证在两个及以上的高速计数器同时工作时外部输入点的功能不重叠，见表4-10。

表4-10　高速计数器的输入点

模式	中断描述	输入点			
	HSC0	I0.0	I0.1	I0.2	
	HSC1	I0.6	I0.7	I1.0	I1.1
	HSC2	I1.2	I1.3	I1.4	I1.5
	HSC3	I0.1			
	HSC4	I0.3	I0.4	I0.5	
	HSC5	I0.4	HSC5	I0.4	
0	带有内部方向控制的单相计数器	时钟			
1		时钟		复位	
2		时钟		复位	起动
3	带有外部方向控制的单相计数器	时钟	方向		
4		时钟	方向	复位	
5		时钟	方向	复位	起动
6	带有增减计数时钟的双相计数	增时钟	减时钟		
7		增时钟	减时钟	复位	
8		增时钟	减时钟	复位	起动
9	A/B相正交计数器	时钟A	时钟B		
10		时钟A	时钟B	复位	
11		时钟A	时钟B	复位	起动

复位输入有效时高速计数器的当前值清零；直至复位输入无效时，起动输入有效时将允许高速计数器开始计数；关闭起动输入时，高速计数器的当前值保持不变，即使此时复位输入有效。

（3）高速计数器的控制位　高速计数器的工作模式在设置其控制位之后才产生作用。各个高速计数器的控制位均不同，见表4-11。

表 4-11　高速计数器的控制位

HSC0	HSC1	HSC2	HSC3	HSC4	HSC5	配置或中断描述
SM37.0	SM47.0	SM57.0		SM147.0		复位控制:0=高电平有效;1=低电平有效
	SM47.1	SM57.1				起动控制:0=高电平有效;1=低电平有效
SM37.2	SM47.2	SM57.2		SM147.2		正交计数器倍频:0=4倍频;1=1倍频
SM37.3	SM47.3	SM57.3	SM137.3	SM147.3	SM157.3	计数方向控制:0=减计数;1=增计数
SM37.4	SM47.4	SM57.4	SM137.4	SM147.4	SM157.4	写入计数方向:0=不更新;1=更新
SM37.5	SM47.5	SM57.5	SM137.5	SM147.5	SM157.5	写入预置值:0=不更新;1=更新
SM37.6	SM47.6	SM57.6	SM137.6	SM147.6	SM157.6	写入当前值:0=不更新;1=更新
SM37.7	SM47.7	SM57.7	SM137.7	SM147.7	SM157.7	HSC 允许:0=禁止;1=允许

例如:设 HSC0 无复位或起动控制,1 倍频正交计数,增计数方向且不更新,预置值不更新,当前值更新,HSC 允许,则 SM B 37=2#11011100,应 MOV 16#DC,SM B 37。

设置控制位应在定义高速计数器之前,否则,高速计数器将工作在默认模式下,即 0 位、1 位和 2 位为 0 状态:复位和起动输入高电平有效,正交计数器 4 倍频。

一旦完成定义高速计数器,就不能再改变高速计数器的设置,除非 CPU 停止工作。

(4) 预置值和当前值的设置　各高速计数器均有一个 32 位的预置值和一个 32 位的当前值,预置值和当前值均为有符号的双字整数。

为了向高速计数器装入新的当前值和预置值,必须先设置高速计数器的控制位(见表 4-11),允许当前值和预置值更新,即把第 5 位和第 6 位置 1,再将新的当前值和预置值存入表 4-12 所示的特殊存储器之中,然后执行 HSC 指令,才能完成装入新值。

表 4-12　当前值和预置值存储器地址

	HSC0	HSC1	HSC2	HSC3	HSC4	HSC5
当前值	SMD38	SMD48	SMD58	SMD138	SMD148	SMD158
预置值	SMD42	SMD52	SMD62	SMD142	SMD152	SMD162

高速计数器的当前值是可以采用 HC 后接高速计数器号 0~5 的格式(双字)读出,但其写操作只能用 HSC 指令来实现。

(5) 高速计数器的状态位　每个高速计数器均给出了当前计数方向和当前值是否等于或大于预置值,见表 4-13。

表 4-13　高速计数器的状态位

HSC0	HSC1	HSC2	HSC3	HSC4	HSC5	中断描述
SM36.5	SM46.5	SM56.5	SM136.5	SM146.5	SM156.5	当前计数方向:0=减计数;1=增计数
SM36.6	SM46.6	SM56.6	SM136.6	SM146.6	SM156.6	当前值与预置值:0=不等;1=相等
SM36.7	SM46.7	SM56.7	SM136.7	SM146.7	SM156.7	当前值与预置值:0=小于等于;1=大于

（6）高速计数器指令　定义高速计数器指令（HDEF）用来指定高速计数器（HSC）及其工作模式（MODE）。

高速计数器指令（HSC）用来激活高速计数器，N 为其标号。

HDEF 和 HSC 指令的梯形图和 STL 格式以及操作数如图 4-9 和表 4-14 所示。

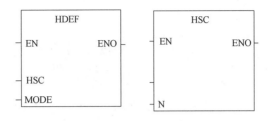

图 4-9　高速计数器指令梯形图

表 4-14　高速计数器指令

指　令	STL 格式	操作数	描述
HDEF	HDEF HSC, MODE	BYTE	定义高速计数器模式
HSC	HSC　N	WORD	激活高速计数器

2. 旋转编码器脉冲当量的现场测试

前面已经指出，根据传送带主动轴直径计算旋转编码器的脉冲当量，其结果只是一个估算值。在分拣单元安装调试时，除了要仔细调整尽量减少安装偏差外，尚需现场测试脉冲当量值。一种测试方法的步骤如下。

（1）安装调试　分拣单元安装调试时，必须仔细调整电动机与主动轴联轴的同心度和传送带的张紧度。调节张紧度的两个调节螺栓应平衡调节，避免传送带运行时跑偏。传送带张紧度以电动机在输入频率为 1Hz 时能顺利起动，低于 1Hz 时难以起动为宜。测试时可把变频器设置为在 BOP 操作板进行操作（起动/停止和频率调节）的运行模式，即设定参数 P0700 = 1（使能 BOP 操作板上的起动/停止按钮），P1000 = 1（使能电动电位计的设定值）。

旋转编码器脉冲当量测试

（2）参数设置　安装调整结束后，变频器参数设置为：

P0700 = 2（指定命令源为"由端子排输入"）；

P0701 = 16（确定数字输入 DIN1 为"直接选择+ON"命令）；

P1000 = 3（频率设定值的选择为固定频率）；

P1001 = 25Hz（DIN1 的频率设定值）。

（3）编写程序　在计算机上用 STEP7-Micro/WIN 编程软件编写 PLC 程序，主程序（见图 4-10），编译后传送到 PLC。

（4）运行程序　运行 PLC 程序，并置于监控方式。在传送带进料口中心处放下工件后，按起动按钮起动运行。工件被传送到一段较长的距离后，按下停止按钮停止运行。观察 STEP7-Micro/WIN 软件监控界面上 VD0 的读数，将此值填写到表 4-15 的"高速计数脉冲数"一栏中。然后在传送带上测量工件移动的距离，把测量值填写到表中"工件移动距离"一栏中；计算高速计数脉冲数/4 的值，填写到"编码器脉冲数"一栏中，则脉冲当量 μ 计算值 = 工件移动距离/编码器脉冲数，填写到相应栏目中。

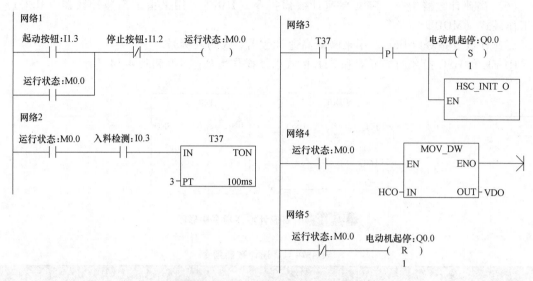

图 4-10   脉冲当量现场测试主程序

表 4-15   脉冲当量现场测试数据

序号 内容	工件移动距离 （测量值）/mm	高速计数脉冲数 （测试值）	编码器脉冲数 （计算值）	脉冲当量 μ （计算值）/mm
第一次	357.8	5565	1391	0.2571
第二次	358	5568	1392	0.2571
第三次	360.5	5577	1394	0.2586

（5）测试计算   重新把工件放到进料口中心处，按下起动按钮即进行第二次测试。进行三次测试后，求出脉冲当量 μ 平均值为：$\mu = (\mu_1 + \mu_2 + \mu_3)/3 = 0.2576$mm。

4.3   项目准备

在实施项目前，应按照材料清单（见表 4-16）逐一检查分拣单元的所需材料是否齐全，并填好各种材料的数量、规格、是否损坏等情况。

表 4-16   分拣单元材料清单

材料名称	规格	数量	是否损坏
变频器模块			
传送带			
工作导向件			
主动轴组件			
从动轴组件			
分拣机构			
电感传感器			
直线气缸			
物料槽			

（续）

材料名称	规格	数量	是否损坏
旋转编码器			
驱动电动机			
光纤传感器			
光纤安装架			
电磁阀组			
光电传感器			
磁性开关			
按钮指示灯模块盒			
PLC			
底板			
走线槽			
万用表			
内六角扳手			
活扳手			
呆扳手			
木锤			
小一字螺钉旋具			
小十字螺钉旋具			

4.4　项目实施

学习了前面的知识后，应对分拣单元已有了全面的了解，为了有计划地完成本次项目，我们要先做好任务分配和工作计划表。

1. 任务分工

四人一组，每名成员要有明确分工，角色安排及负责任务如下。

程序设计员：小组的组长，负责整个项目的统筹安排并设计调试程序。

机械安装工：负责加工元的机械、传感器、气路的安装及调试。

电气接线工：负责加工单元的电气接线。

资料整理员：负责整个实施过程的资料准备整理工作。

2. 实施计划

分拣单元项目实施计划见表4-17。

表 4-17　分拣单元项目实施计划

实施步骤	实施内容	计划完成时间	实际完成时间	备注说明
1	根据控制要求准备材料			
2	安装机械部分、传感器、电磁阀			
3	气动回路设计、安装、调试			
4	电气线路设计及连接			
5	程序编译及调试			
6	文件整理			
7	总结评价			

4.4.1　分拣单元的机械组装

1. 分拣单元的结构组成

分拣单元主要由传送和分拣机构、传动带驱动机构、变频器模块、电磁阀组、接线端口、

PLC 模块、按钮/指示灯模块及底板等。分拣单元结构示意图如图 4-11 所示。

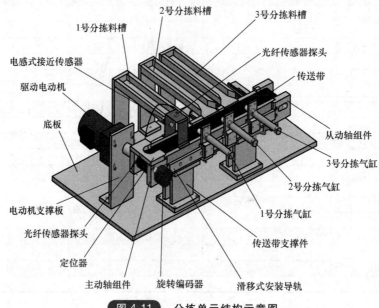

图 4-11　分拣单元结构示意图

（1）传送和分拣机构　传送和分拣机构主要由传送带、出料滑槽、推料（分拣）气缸、漫射式光电传感器、光纤传感器、磁感应接近式传感器组成。传送已经加工、装配好的工件，在光纤传感器检测到后进行分拣。

传送带是把机械手输送过来加工好的工件进行传输，并输送至分拣区。导向器用纠偏机械手输送工件。两条物料槽分别用于存放加工好的黑色、白色工件或金属工件。

传送和分拣的工作原理是：当输送站送来工件放到传送带上并为入料口漫射式光电传感器检测到时，将信号传输给 PLC，通过 PLC 的程序起动变频器，电动机运转驱动传送带工作，把工件带进分拣区，如果进入分拣区工件为白色，则检测白色物料的光纤传感器动作，作为 1 号槽推料气缸起动信号，将白色物料推到 1 号槽里，如果进入分拣区工件为黑色，检测黑色物料的光纤传感器动作，作为 2 号槽推料气缸起动信号，将黑色物料推到 2 号槽里。

（2）传动带驱动机构　传动带驱动机构如图 4-12 所示。采用的三相减速电动机，用于拖动传送带从而输送物料。它主要由电动机支架、电动机、联轴器等组成。

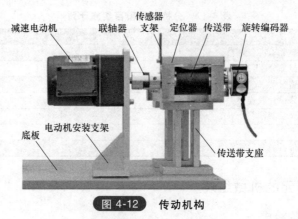

图 4-12　传动机构

三相电动机是传动机构的主要部分，电动机转速的快慢由变频器来控制，其作用是带动传送带从而输送物料。电动机支架用于固定电动机。联轴器由于把电动机的轴和输送带主动轮的轴连接起来，从而组成一个传动机构。

分拣单元装置侧安装

2．安装步骤和方法

分拣单元机械装配可按如下 4 个阶段进行。

1）完成传送机构的组装，装配传送带装置及其支座，然后将其安装到底板上，安装过程如图 4-13 所示，传送机构安装组成图如图 4-14 所示。

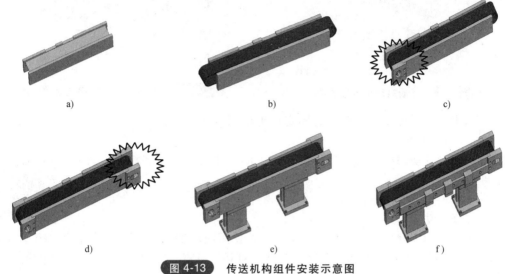

图 4-13　传送机构组件安装示意图

a）固定不锈钢铝板和连接支撑　b）套入平带　c）套入主动带轮及端板
d）安装平带和端板　e）安装支撑件　f）安装导轨及滑块

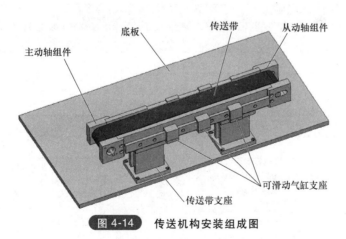

图 4-14　传送机构安装组成图

2）完成驱动电动机组件装配，进一步装配联轴器，把驱动电动机组件与传送机构相连接并固定在底板上，如图 4-15 所示。

3）继续完成推料气缸支架、推料气缸、传感器支架、出料槽及支撑板等装配，如图 4-16 所示。

4）最后完成各传感器、电磁阀组件、装置侧接线端口等装配。分拣单元机械安装工作单见表 4-18。

3．安装注意事项

传送带安装时应注意以下几点：

分拣单元电动机及传感器安装

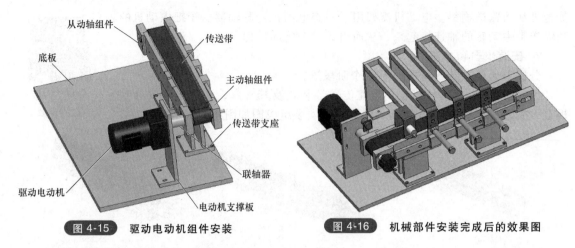

图 4-15 驱动电动机组件安装　　　图 4-16 机械部件安装完成后的效果图

① 传送带托板与传送带两侧板的固定位置应调整好，以免传送带安装后凹入侧板表面，造成推料被卡住的现象。

② 主动轴和从动轴的安装位置不能错，主动轴和从动轴安装板的位置不能相互调换。

③ 传送带的张紧度应调整适中。

④ 要保证主动轴和从动轴的平行。

⑤ 为了使传动部分平稳可靠，噪声减小，特使用滚动轴承为动力回转件，但滚动轴承及其安装配合零件均为精密结构件，对其拆装需一定的技能和专用的工具，建议不要自行拆卸。

分拣单元装置侧拆卸

表 4-18　分拣单元机械安装工作单

安装步骤	计划时间	实际时间	工具	是否返工,返工原因及解决方法
传送机构支撑架的安装				
电动机的安装				
推料机构的安装				
传感器的安装				
电磁阀的安装				
整体安装				
调试过程	传送带转动是否正常：　是　　否 原因及解决方法：			
	气缸推出是否顺利：　是　　否 原因及解决方法：			
	气路是否能正常换向：　是　　否 原因及解决方法：			
	其他故障及解决方法：			

4.4.2　分拣单元的气路连接及调试

分拣单元的电磁阀组使用了三个由二位五通的带手控开关的单电控电磁阀，它们安装在汇流板上。这三个电磁阀分别对金属、白料和黑料推动气缸的气路进行控制，以改变各自的动作状态。

本单元气动控制回路的工作原理如图 4-17 所示。图中 1A、2A 和 3A 分别为分拣气缸一、分拣气缸二和分拣气缸三。1B、2B 和 3B 分别为安装在各分拣气缸的前极限工作位置的磁感应接近开关。1Y、2Y 和 3Y 分别为控制 3 个分拣气缸电磁阀的电磁控制端。

安装气路时同时填写气路连接工作单，见表 4-19。

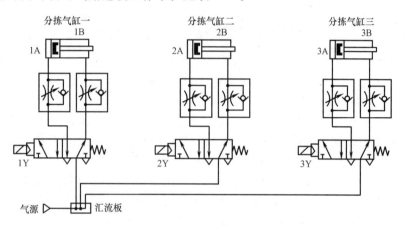

图 4-17　分拣单元气动控制回路的工作原理

表 4-19　分拣单元气路连接工作单

调试内容	是	否	不正确原因
气路连接是否无漏气现象			
推杆 1 气缸伸出是否顺畅			
推杆 2 气缸缩回是否顺畅			
推杆 3 气缸伸出是否顺畅			
备注			

4.4.3　分拣单元的电气接线及调试

分拣单元装置侧接线端口信号端子的分配见表 4-20。由于用于判别工件材料和芯体颜色属性的传感器只需安装在传感器支架上的电感式传感器和一个光纤传感器，故光纤传感器 2 可不使用。

表 4-20　分拣单元装置侧接线端口信号端子的分配

输入端口中间层			输出端口中间层		
端子号	设备符号	信号线	端子号	设备符号	信号线
2	DECODE	旋转编码器 B 相	2	1Y	推杆 1 电磁阀
3		旋转编码器 A 相	3	2Y	推杆 2 电磁阀

（续）

输入端口中间层			输出端口中间层		
端子号	设备符号	信号线	端子号	设备符号	信号线
4	SC1	光纤传感器1	4	3Y	推杆3电磁阀
5	SC2	光纤传感器2			
6	SC3	进料口工件检测			
7	SC4	电感式传感器			
8	1B	推杆1磁感应接近开关			
9	2B	推杆2磁感应接近开关			
10	3B	推杆3磁感应接近开关			
11#～17#端子没有连接			5#～14#端子没有连接		

分拣单元PLC选用S7—200—224XP CN AC/DC/RLY主单元，共14点输入和10点继电器输出。选用S7—200—224 XP主单元的原因是，当变频器的频率设定值由HMI指定时，该频率设定值是一个随机数，需要由PLC通过D-A变换方式向变频器输入模拟量的频率指令，以实现电动机速度连续调整。S7—200—224 XP主单元集成有2路模拟量输入，1路模拟量输出，有两个RS-485通信口，可满足D-A变换的编程要求。

本项目工作任务仅要求以30Hz的固定频率驱动电动机运转，只需用固定频率方式控制变频器即可。本例中，选用MM420的端子"5"（DIN1）作电动机起动和频率控制，PLC的I/O分配见表4-21，I/O接线原理如图4-18所示。

表4-21 分拣单元PLC的I/O分配

序号	PLC输入点	信号名称	信号来源	序号	PLC输出点	信号名称	信号输出目标
1	I0.0	旋转编码器B相	装置侧	1	Q0.0	电动机起动	变频器
2	I0.1	旋转编码器A相		2	Q0.1		
3	I0.2			3	Q0.2		
4	I0.3	进料口工件检测		4	Q0.3		
5	I0.4	工件颜色检测		5	Q0.4	推杆1推出	
6	I0.5	金属工件检测		6	Q0.5	推杆2推出	
7	I0.6			7	Q0.6	推杆3推出	
8	I0.7	推杆1推出位		8	Q0.7	正常工作指示	按钮/指示灯模块
9	I1.0	推杆2推出位		9	Q1.0	运行指示	
10	I1.1	推杆3推出位					
11	I1.2	停止按钮	按钮/指示灯模块				
12	I1.3	起动按钮					
13	I1.4						
14	I1.5	工作方式选择					

为了实现固定频率输出，变频器的参数应进行如下设置，分拣单元电气线路安装及调试工作单见表4-22。

① 命令源 P0700 = 2（外部 I/O），选择频率设定的信号源参数 P1000 = 3（固定频率）。

② DIN1 功能参数 P0701 = 16（直接选择+ON 命令），P1001 = 30Hz。

③ 斜坡上升时间参数 P1120 设定为 1s，斜坡下降时间参数 P1121 设定为 0.2s。

注：由于驱动电动机功率很小，此参数设定不会引起变频器过电压跳闸。

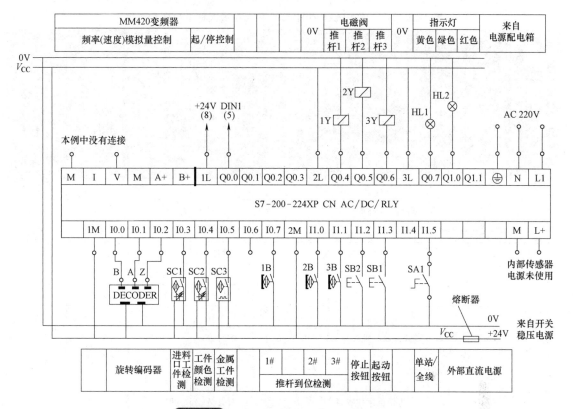

图 4-18 分拣单元 PLC 的 I/O 接线原理

表 4-22 分拣单元电气线路安装及调试工作单

调试内容	正确	错误	原因
旋转编码器 A 相信号			
旋转编码器 B 相信号			
进料口工件信号检测			
金属信号检测			
工件颜色信号检测			
推杆 1 气缸伸出到位检测			
推杆 2 气缸伸出到位检测			
推杆 3 气缸伸出到位检测			

4.4.4 分拣单元的程序设计及调试

1. 高速计数器的编程

高速计数器的编程方法有两种，一是采用梯形图或语句表进行正常编程，二是通过 STEP7-Micro/WIN 编程软件进行引导式编程。不论哪一种方法，都先要根据计数输入信号的形式与要求确定计数模式；然后选择计数器编号，确定输入地址。分拣单元所配置的 PLC 是 S7—224XP AC/DC/RLY 主单元，集成有 6 点的高速计数器，编号为 HSC0~HSC5，每一编号的计数器均分配有固定地址的输入端。同时，高速计数器可以被配置为 12 种模式中的任意一种，见表 4-23。

表 4-23　S7—200 PLC 的 HSC0~HSC5 输入地址和计数模式

模式	中断描述	输入点			
	HSC0	I0.0	I0.1	I0.2	
	HSC1	I0.6	I0.7	I1.0	I1.1
	HSC2	I1.2	I1.3	I1.4	I1.5
	HSC3	I0.1			
	HSC4	I0.3	I0.4	I0.5	
	HSC5	I0.4	HSC5	I0.4	
0	带有内部方向控制的单相计数器	时钟			
1		时钟		复位	
2		时钟		复位	起动
3	带有外部方向控制的单相计数器	时钟	方向		
4		时钟	方向	复位	
5		时钟	方向	复位	起动
6	带有增减计数时钟的双相计数	增时钟	减时钟		
7		增时钟	减时钟	复位	
8		增时钟	减时钟	复位	起动
9	A/B 相正交计数器	时钟 A	时钟 B		
10		时钟 A	时钟 B	复位	
11		时钟 A	时钟 B	复位	起动

　　根据分拣单元旋转编码器输出的脉冲信号形式（A/B 相正交脉冲，Z 相脉冲不使用，无外部复位和起动信号），由表 4-23 容易确定，所采用的计数模式为模式 9，选用的计数器为 HSC0，B 相脉冲从 I0.0 输入，A 相脉冲从 I0.1 输入，计数倍频设定为 4 倍频。

　　分拣单元高速计数器编程要求较简单，不考虑中断子程序和预置值等。使用引导式编程，很容易自动生成符号地址为 "HSC_ INIT" 的子程序。其程序清单如图 4-19 所示。

　　在主程序块中使用 SM0.1（上电首次扫描 ON）调用此子程序，即完成高速计数器定义并起动计数器。

　　按照实际安装尺寸重新计算旋转编码器到各位置应发出的脉冲数：当工件从下料口中心线移至传感器中心时，旋转编码器发出 456 个脉冲；移至第一个推杆中心点时，发出 650 个脉冲；移至第二个推杆中心点时，约发出 1021 个脉冲；移至第三个推杆中心点时，约发出 1361 个脉冲。上述数据 4 倍频后，就是高速计数器 HC0 经过值。

　　在本项工作任务中，编程高速计数器的目的，是根据 HC0 当前值确定工件位置，与存储到指定的变量存储器的特定位置数据进行比较，以确定程序的流向。特定位置数据是：

- 进料口到传感器位置的脉冲数为 1824，存储在 VD10 单元中（双整数）。
- 进料口到推杆 1 位置的脉冲数为 2600，存储在 VD14 单元中。
- 进料口到推杆 2 位置的脉冲数为 4084，存储在 VD18 单元中。

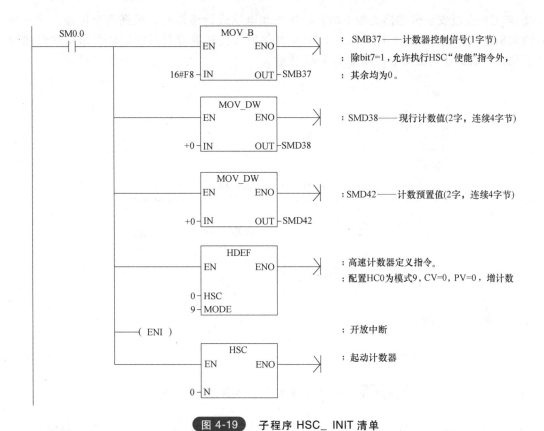

图 4-19 子程序 HSC_ INIT 清单

• 进料口到推杆 3 位置的脉冲数为 5444,存储在 VD22 单元中。

可以使用数据块对上述 V 存储器赋值,在 STEP7-Micro/WIN 界面项目指令树中,选择 数据块→用户定义 1;在所出现的数据页界面上逐行键入 V 存储器起始地址、数据值及其注释(可选),允许用逗号、制表符或空格作地址和数据的分隔符号。

注意:特定位置数据均从进料口开始计算,因此,每当待分拣工件下料到进料口,电动机开始起动时,必须对 HC0 的当前值(存储在 SMD38 中)进行一次清零操作。

2. 程序结构

1)分拣单元的主要工作过程是分拣控制,可编写一个子程序供主程序调用,工作状态显示的要求比较简单,可直接在主程序中编写。

2)主程序的控制流程与前面所述的供料、加工等单元是类似的。但由于用高速计数器编程,必须在上电第 1 个扫描周期调用 HSC_ INIT 子程序,以定义并使能高速计数器。主程序的编制,请自行完成。

3)分拣控制子程序也是一个步进顺控程序,编程思路如下:

① 当检测到待分拣工件下料到进料口后,清零HC0 当前值,以固定频率起动变频器驱动电动机运转。其控制梯形图如图 4-20 所示。

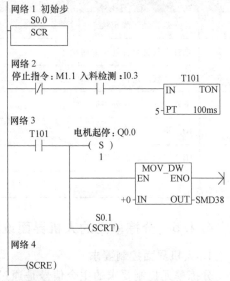

图 4-20 分拣控制子程序初始步梯形图

② 当工件经过安装传感器支架上的光纤探头和电感式传感器时，根据两个传感器动作与否，判别工件的属性，决定程序的流向，HC0 当前值与传感器位置值的比较可采用触点比较指令实现，完成上述功能的梯形图如图 4-21 所示。

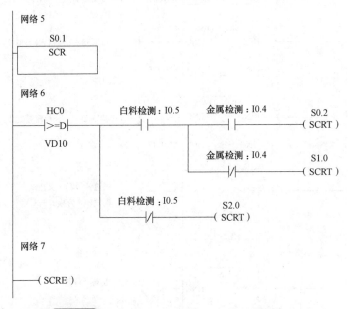

图 4-21 在传感器位置判别工件属性的梯形图

③ 根据工件属性和分拣任务要求，在相应的推料气缸位置把工件推出。推料气缸返回后，步进顺控子程序返回初始步。这部分程序的编制，也请读者自行完成。

分拣单元初态调试工作单见表 4-24。

分拣单元工件分拣调试

表 4-24 分拣单元初态调试工作单

	调试内容	是	否	原因
1	传送带否处于静止状态			
2	推杆 1 气缸是否处于缩回状态			
3	推杆 2 气缸是否处于缩回状态			
4	推杆 3 气缸是否处于缩回状态			
5	HL1 指示灯状态是否正常			
6	HL2 指示灯状态是否正常			
7				

4.4.5 分拣单元的人机界面设计及调试

1. 人机界面控制要求

分拣单元控制要求的主令信号是通过按钮指示灯模块发出的，下面给出由人机界面提供主令信号并显示系统工作状态的工作任务。

1）设备的工作目标、上电和气源接通后的初始位置，具体的分拣要求，均与原工作任务相同，启停操作和工作状态指示，不通过按钮指示灯盒操作指示，而是在触摸屏上实现。这时，分拣站的 I/O 接线原理如图 4-22 所示。

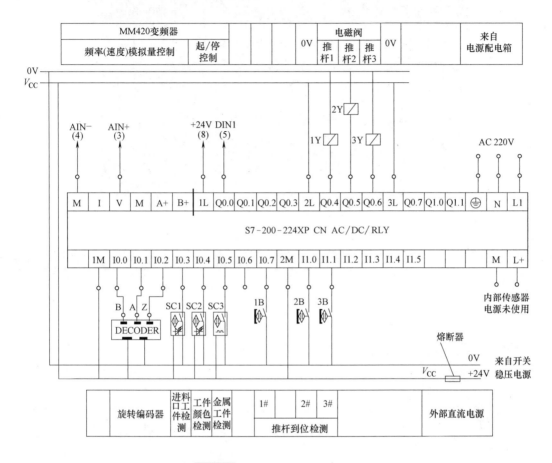

图 4-22　分拣单元 I/O 接线原理

2）当传送带入料口人工放下已装配的工件时，变频器即起动，驱动传动电动机以触摸屏给定的速度把工件带往分拣区。频率在 40~50Hz 可调节。

各料槽工件累计数据在触摸屏上给以显示，且数据在触摸屏上可以清零。

根据以上要求完成人机界面组态和分拣程序的编写。

2. 人机界面组态

分拣站界面效果如图 4-23 所示。

界面中包含了如下方面的内容。

1）状态指示。单机/全线、运行、停止。

2）切换旋钮。单机全线切换。

3）按钮。起动、停止、清零累计按钮。

4）数据输入。变频器输入频率设置。

5）数据输出显示。白芯金属工件累计、白芯塑料工件累计、黑色芯体工件累计。

6）矩形框。

表 4-25 列出了触摸屏组态画面各元件对应 PLC 地址。

分拣单元人机
界面设计

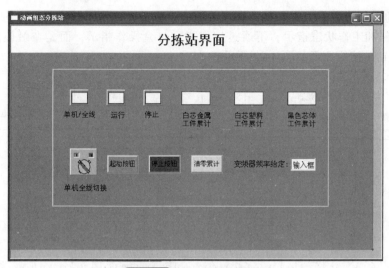

图 4-23 分拣站界面效果

表 4-25 触摸屏组态画面各元件对应的 PLC 地址

元件类别	名称	输入地址	输出地址	备注
位状态切换开关	单机/全线切换	M0.1	M0.1	
位状态开关	起动按钮		M0.2	
	停止按钮		M0.3	
	清零累计按钮		M0.4	
位状态指示灯	单机/全线指示灯	M0.1	M0.1	
	运行指示灯		M0.0	
	停止指示灯		M0.0	
数值输入元件	变频器频率给定	VW1002	VW1002	最小值40,最大值50
数值输出元件	白芯金属工件累计	VW70		
	白芯塑料工件累计	VW72		
	黑色芯体属工件累计	VW74		

接下来给出人机界面的组态步骤和方法。

（1）创建工程 TPC 类型中如果找不到"TPC7062KS"，可选择"TPC7062K"，将工程命名为"335B-分拣站"。

（2）定义数据对象 根据前面给出的定义数据对象，所有的数据对象如表 4-26 列出。

表 4-26 触摸屏组态画面各元件对应的 PLC 地址

数据名称	数据类型	注释
运行状态	开关型	
单机全线切换	开关型	
起动按钮	开关型	
停止按钮	开关型	
清零累计按钮	开关型	
变换频率给定	数值型	
白芯金属工件累计	数值型	
白芯塑料工件累计	数值型	
黑色芯体工件累计	数值型	

下面以数据对象"运行状态"为例，介绍定义数据对象的步骤。

1）单击工作台中的"实时数据库"窗口标签，进入实时数据库窗口页。

2）单击"新增对象"按钮，在窗口的数据对象列表中，增加新的数据对象，系统默认定义的名称为"Data1""Data2""Data3"等（多次单击该按钮，则可增加多个数据对象）。

3）选中对象，按"对象属性"按钮或双击选中对象，打开"数据对象属性设置"窗口。

4）将对象名称改为运行状态；对象类型选择开关型；单击"确认"。按照此步骤，根据上面列表，设置其他个数据对象。

（3）设备连接　为了能够使触摸屏和PLC通信连接上，必须把定义好的数据对象和PLC内部变量进行连接，具体操作步骤如下。

1）在"设备窗口"中双击"设备窗口"图标进入。

2）单击工具条中的"工具箱"🔧图标，打开"设备工具箱"。

3）在可选设备列表中，双击"通用串口父设备"，然后双击"西门子_ S7200PPI"、"通用串口父设备"、"西门子_ S7200PPI"，如图4-24所示。

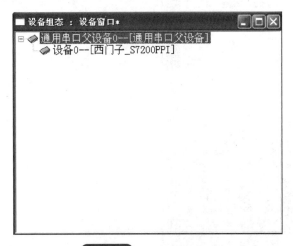

图 4-24　设备组态窗口

4）双击"通用串口父设备"，进入通用串口父设备的基本属性设置，如图4-25所示，进

图 4-25　通用串口设置

行如下设置：串口端口号（1~255）设置为0-COM1；通讯波特率设置为8~19200；数据校验方式设置为2-偶校验；其他设置为默认值。

5）双击"西门子_S7200PPI"，进入设备编辑窗口，如图4-26所示。默认右窗口自动生成通道名称I000.0~I000.7，可以单击"删除全部通道"按钮予以删除。

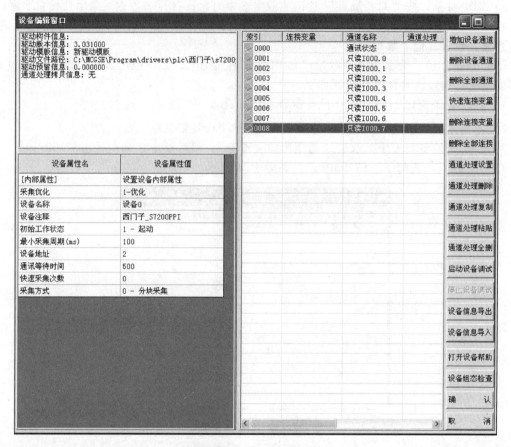

图 4-26　设备编辑窗口

6）接下来进行变量的连接，这里以"运行状态"变量为例进行说明。

①单击"添加设备通道"按钮，出现图4-27所示窗口。

参数设置如下：通道类型为I寄存器；数据类型为通道的第00位；通道地址为0；通道个数为1；读写方式为只读。

②单击"确认"按钮，完成基本属性设置。

③双击"只读M000.0"通道对应的连接变量，从数据中心选择变量："运行

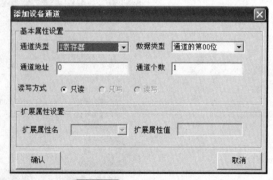

图 4-27　添加设备通道

状态"。用同样的方法，增加其他通道，连接变量，如图4-28所示，完成单击"确认"按钮。

（4）画面和元件的制作

1）新建画面以及属性设置。

① 在"用户窗口"中单击"新建窗口"按钮，建立"窗口0"。选中"窗口0"，单击"窗口属性"，进入用户窗口属性设置。

② 将窗口名称改为"分拣画面"；窗口标题改为"分拣画面"。

③ 单击"窗口背景"，在"其他颜色"中选择所需的颜色，如图4-29所示。

索引	连接变量	通道名称	通道处理
0000		通讯状态	
0001	运行状态	只读M000.0	
0002	单机全线切换	读写M000.1	
0003	起动按钮	只写M000.2	
0004	停止按钮	只写M000.3	
0005	清零累计按钮	只写M000.4	
0006	变频器频率给定	只写VWUB072	
0007	白芯金属工件累计	只写VWUB074	
0008	白芯塑料工件累计	只写VWUB076	
0009	黑色芯体工件累计	读写VWUB1002	

图4-28　变量连接窗口

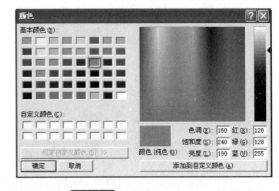

图4-29　窗口背景颜色设置

2）制作文字框图，以标题文字的制作为例说明。

① 单击工具条中的"工具箱" 按钮，打开绘图工具箱。

② 选择"工具箱"内的"标签" 按钮，鼠标的光标呈"十字"形，在窗口顶端中心位置拖拽鼠标，根据需要拉出一个大小适合的矩形。

③ 在光标闪烁位置输入文字"分拣站界面"，按回车键或在窗口任意位置用鼠标单击一下，文字输入完毕。

④ 选中文字框，作如下设置。

■ 单击工具条上的（填充色）按钮 ，设定文字框的背景颜色为白色。

■ 单击工具条上的（线色）按钮 ，设置文字框的边线颜色为没有边线。

■ 单击工具条上的（字符字体）按钮 ，设置文字字体为华文细黑；字型为粗体；大小为二号。

■ 单击工具条上的（字符颜色）按钮 ，将文字颜色设为藏青色。

⑤ 其他文字框的属性设置如下。

■ 背景颜色：同画面背景颜色。

■ 边线颜色：没有边线。

■ 文字字体为华文细黑；字型为常规；字体大小为二号。

3）制作状态指示灯。以"单机/全线"指示灯为例说明。

① 单击绘图工具箱中的（插入元件）图标 ，弹出对象元件管理对话框，选择指示灯6，按"确认"按钮。双击指示灯，弹出的对话框如图4-30所示。

② 数据对象中，单击右角的"?"按钮，从数据中心选择"单机全线切换"变量。

③ 动画连接中，单击"填充颜色"，右边出现，" " 按钮，如图4-31所示。

④ 单击" " 按钮，出现如下对话框，如图4-32所示。

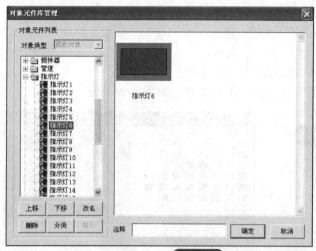
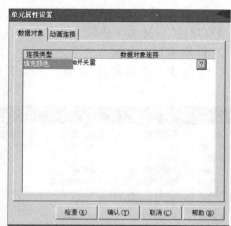

图 4-30   插入元件及对象连接对话框

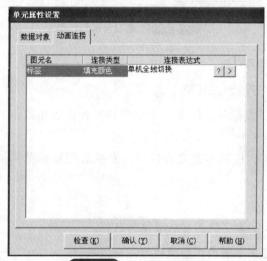

图 4-31   标签动画连接

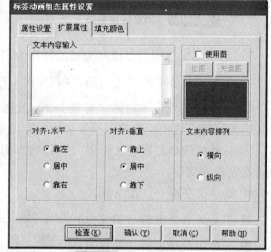

图 4-32   标签动画组态

⑤ "属性设置"页中,填充颜色:白色。

⑥ "填充颜色"页中,分段点 0 对应颜色:白色;分段点 1 对应颜色:浅绿色。如图 4-33 所示,单击"确认"按钮完成。

4)制作切换旋钮。单击绘图工具箱中的(插入元件)图标🔲,弹出对象元件管理对话框,选择开关 6,按"确认"按钮。双击旋钮,弹出如图 4-34 的对话框。在数据对象页的按钮输入和可见度连接数据对象"单机全线切换"。

5)制作按钮。以起动按钮为例,给以说明:

① 单击绘图"工具箱中"🔲图标,在窗口中拖出一个大小合适的按钮,双击按

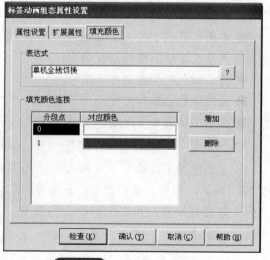

图 4-33   标签填充颜色组态

图 4-34　开关选择与组态

钮，出现如图 4-35 所示窗口，进行相应属性设置。

②"基本属性"页中，无论是抬起还是按下状态，文本都设置为起动按钮；"抬起功能"属性为字体设置宋体，字体大小设置为五号，背景颜色设置为浅绿色；"按下功能"为：字体大小设置为小五号，其他同抬起功能。

③"操作属性"页中，抬起功能：数据对象操作清 0，起动按钮；按下功能：数据对象操作置 1，起动按钮。

④ 其他默认。单击"确认"按钮完成。

6）数值输入框。

① 选中"工具箱"中的"输入框" 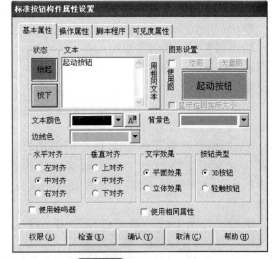 图标，拖动鼠标，绘制 1 个输入框。

图 4-35　按钮组态窗口

② 双击 输入框 图标，进行属性设置。只需要设置操作属性。

数据对象名称：最高频率设置。

使用单位：Hz。

最小值：40。

最大值：50。

小数位数：0。

设置结果如图 4-36 所示。

7）数据显示，以白色金属料累计数据显示为例。

① 选中"工具箱"中的图标 A，拖动鼠标，绘制 1 个显示框。

② 双击显示框，出现对话框，在输入输出连接域中，选中"显示输出"选项，在组态属性设置窗口中则会出现"显示输出"标签，如图 4-37 所示。

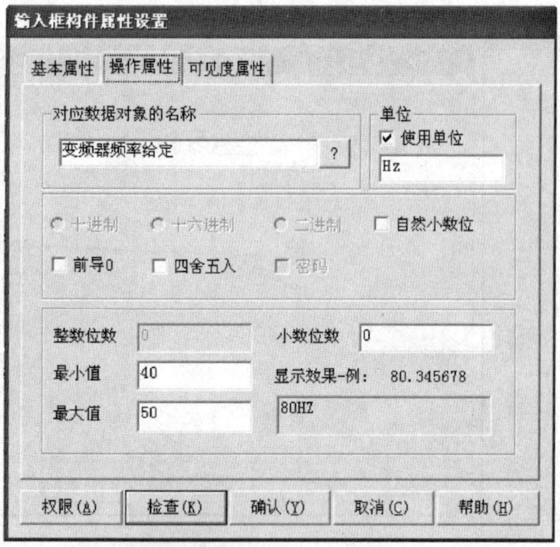

图 4-36 输入框构件组态

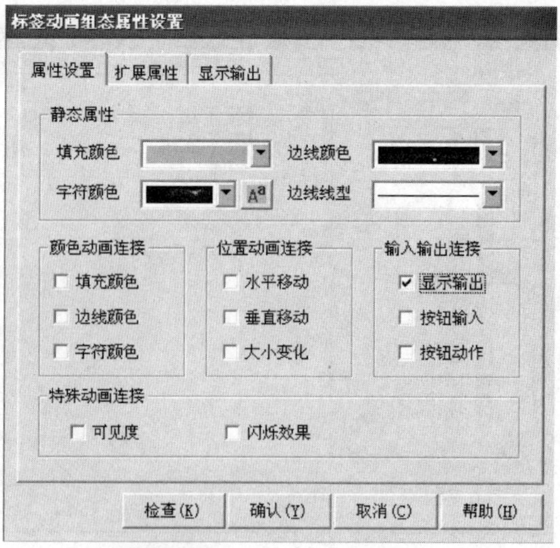

图 4-37 显示输出标签组态

③ 单击"显示输出"标签，设置显示输出属性。参数设置如下。

表达式：白色金属料累计。

单位：个。

输出值类型：数值量输出。

输出格式：十进制。

整数位数：0。

小数位数：0。

④ 单击"确认"，制作完毕。

8）制作矩形框。单击工具箱中的图标，在窗口的左上方拖出一个大小适合的矩形，双击矩形，出现如图 4-38 所示的窗口，属性设置如下。

单击工具条上的（填充色）按钮，设置矩形框的背景颜色为没有填充。

单击工具条上的（线色）按钮，设置矩形框的边线颜色为白色。

其他默认。单击"确认"按钮完成。

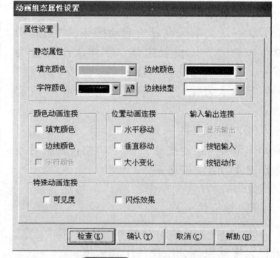

图 4-38 矩形框组态

（5）工程的下载（见表 4-27 和表 4-28）

表 4-27 分拣单元变频器参数设置

设置内容	出厂值	设置值	原因
电动机额定电压/V			
电动机额定电流/A			
电动机额定功率/kW			
电动机额定频率/Hz			
电动机额定转速/(r/min)			
斜坡上升时间/s			
斜坡下降时间/s			

（续）

设置内容	出厂值	设置值	原因
数字输入1功能选择			
频率设定值的选择			

表 4-28　分拣单元运行状态调试工作单

起动按钮按下后				
	调试内容	是	否	原因
1	HL1指示灯是否点亮			
2	HL2指示灯是否常亮			
3	进料口有料时	传送带是否转动			
		编码器是否正常工作			
4	进料口无料时	传送带是否转动			
		编码器是否正常工作			
5	金属物料	传送带是否停止			
		推杆1气缸是否动作			
6	白色物料	传送带是否停止			
		推杆2气缸是否动作			
7	黑色物料	传送带是否停止			
		推杆3气缸是否动作			
8	料仓没有工件时,供料动作是否继续			
停止按钮按下后				
	调试内容	是	否	原因
1	HL1指示灯是否常亮			
2	HL2指示灯是否熄灭			
3	工作状态是否正常			

4.4.6　变频器输出的模拟量控制

根据任务可以知道，变频器的速度由PLC模拟量输出来调节（0~10V），起停由外部端子来控制。变频器的参数要进行相应的调整，要调整的参数见表4-29。

表 4-29　变频器参数设置

参数号	参数名称	默认值	设置值	设置值含义
P0701	数字输入1的功能	1	1	接通正转/断开停车命令
P1000	频率设定值选择	2	2	模拟设定值

CPU 224XPCN有一路模拟量输出，信号格式有电压和电流两种。电压信号范围是0~10V，电流信号是0~20mA，在PLC中对应的数字量满量程都是0~32000。如果使用输出电压

模拟量则接 PLC 的 M、V 端；如果使用电流模拟量则接 M、I 端。这里采用电压信号。那么，如何把触摸屏给定的频率转化为模拟量输出呢？

变频器频率和 PLC 模拟量输出电压成正比关系，模拟量输出是数字量通过 D-A 转换器转换而来，模拟量和数字量也成正比关系，因此频率和数字量是成正比关系，如图 4-39 所示。由图可知，只要把触摸屏给定的频率乘以 640 作为模拟输出就可。该部分程序梯形图如图 4-40 所示。

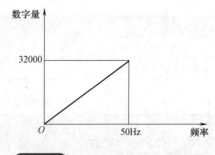

图 4-39　频率与数字量的正比关系

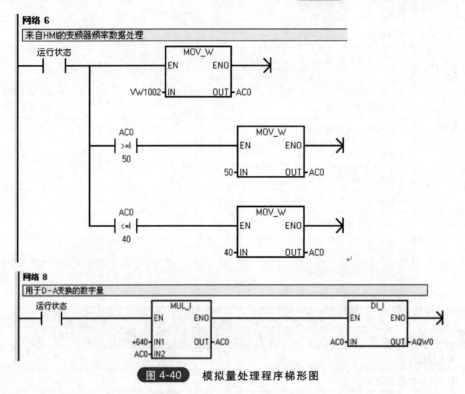

图 4-40　模拟量处理程序梯形图

4.5　检查评议

分拣单元项目自我评价表见表 4-30，项目考核评定见表 4-31。

表 4-30　分拣单元项目自我评价

评价内容	分值/分	得分/分	需提高部分
机械安装与调试	20		
气路连接与调试	20		
电气安装与调试	25		
程序设计与调试	25		
绑扎工艺及工位整理	10		
不足之处			
优点			

表 4-31 分拣单元项目考核评定

项目分类		考核内容	分值/分	工作要求	评分标准	老师评分
专业能力（90分）	电气接线	1. 正确连接装置侧、PLC侧的接线端子排	10	1. 装置侧三层接线端子电源、信号连接正确，PLC侧两层接线端子电源、信号连接正确 2. 传感器供电使用输入端电源，电磁阀等执行机构使用输出端电源 3. 按照I/O分配表正确连接分拣站的输入与输出	1. 电源与信号接反，每处扣2分 2. 其他每错一处扣1分	
		2. 正确接线变频器与编码器、变频器的参数设置	10	1. 变频器与三相电动机接线正确，编码器A/B相接线正确 2. 能够正确设置变频器的参数	1. 设置参数错误一个扣2分 2. 接线每错一处扣2分	
		3. 接线、布线规格平整	5	线头处理干净，无导线外漏，接线端子上最多压入两个线头，导线绑扎利落，线槽走线平整	若有违规操作，每处扣1分	
	机械安装	1. 正确、合理使用装配工具	5	能够正确使用各装配工具拆装分拣站，不出现多或少螺钉	不会用、错误使用不得分（教师提问，学生操作）多或少一个螺钉扣1分	
		2. 正确安装分拣站	10	安装分拣站后不多件、不少件	多件、少件、安装不牢每处扣2分	
		3. 正确安装电动机；联轴器；编码器；主、从动轴	5	电动机、编码器、联轴器安装正确；主、从动轴安装正确保证传送带传送平稳	每错一处扣1分	
	程序调试	1. 正确编制梯形图程序及调试	30	梯形图格式正确、各电磁阀控制顺序正确，梯形图整体结构合理，模拟量采集与输出均正确。运行动作正确（根据运行情况可修改和完善）	根据任务要求动作不正确，每处扣1分，模拟量采集、输出不正确扣1分	
		2. 正确测试编码器的脉冲当量	10	应用高速计数器指令测试编码器的脉冲当量	不会测试不得分	
		3. 运行结果及口试答辩	5	程序运行结果正确，表述清楚，口试答辩准确	对运行结果表述不清楚者扣5分	
职业素质能力（10分）		相互沟通、团结配合能力	5	善于沟通，积极参与，与组长、组员配合默契，不产生冲突	根据自评、互评、教师点评而定	
		清扫场地、整理工位	5	场地清扫干净，工具、桌椅摆放整齐	不合格，不得分	
合计						

4.6　故障及防治

PLC 侧故障情况及处理方法与项目 1 供料站的情况基本相同，不再复述，这里只介绍装置侧的常见故障及处理，见表 4-32。

分拣单元常见故障与处理方法

表 4-32　装置侧的常见故障及处理

	常见故障	处理方法
分拣单元装置侧常见故障及处理方法	电缆线接口接触不良	检查插针和插口情况
	端子接线错误和接口不良	用万用表检查接口
	电磁阀线圈电线接触不良	拆开接口维修
	气管插口漏气现象	重插或维修
	调节阀关闭至气缸不动	调整气流量
	磁性开关不检测	调整位置或检查电路
	金属检测传感器不工作	调节位置或检查电路
	光纤传感器不工作	调整光纤放大器和检查电路
	编码器不工作	检查线路或同轴禁锢处
	光电传感器	调整距离或检查电路
	传送带不动或打滑	检查电动机轴位置或调整禁锢处

4.7　问题与思考

1. 若传送带正常运转，但光编码器不能正常计数，分析可能产生这一现象的原因、检测过程及解决方法。

2. 推料气缸不能准确地将物料推入相应物料槽，分析可能产生这一现象的原因、检测过程及解决方法。

3. 调试过程中出现的其他故障及解决方法。

4. 总结检查气动连线、传感器接线、光电编码器接线、变频器接线、变频器快速设定方法、I/O 检测及故障排除方法。

5. 如果在加工过程中出现意外情况如何处理？

6. 思考：如果采用网络控制如何实现？

7. 思考：加工单元可能出现的各种情况。

4.8　技　能　测　试

项目5

柔性自动化生产线输送单元安装与调试

知识目标

➢ 熟悉伺服电动机及伺服驱动器的工作原理。

➢ 掌握双电控二位五通电磁阀的工作原理及结构。

➢ 掌握输送单元机械组装步骤。

➢ 掌握 PLC 的 PTO 指令、绝对位置库函数指令。

能力目标

➢ 能够根据要求独立设置伺服驱动器参数。

➢ 能够正确连接双电控二位五通电磁阀。

➢ 能够正确安装输送单元组件。

➢ 能够设计输送单元电气接线图,并正确接线。

➢ 能够正确编写输送单元 PLC 控制程序,并下载调试。

素养目标

➢ 增强学生的社会责任感。

➢ 培养学生崇高的职业精神和职业认同感。

➢ 培养学生攻坚克难的劳模精神。

➢ 培养学生精益求精、兢兢业业的工匠精神。

课前导读

5.1 项目描述

1. 输送单元的结构组成

该单元通过驱动抓取机械手装置精确定位到指定单元的物料台,在物料台上抓取工件,把抓取到的工件输送到指定地点,然后放下。

输送单元在网络系统中担任着主站的角色,它接收来自触摸屏的系统主令信号,读取网络上各从站的状态信息,加以综合后,向各从站发送控制要求,以协调整个系统的工作。

电磁阀组 末端同步轮及固定架 拖链装置 直线导轨 同步带 抓取机械手装置 步进电动机及同步轮机构

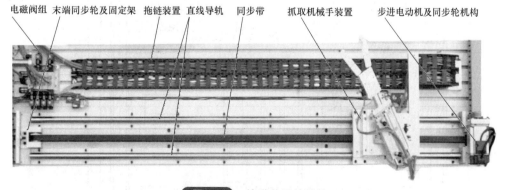

图 5-1 输送单元的结构

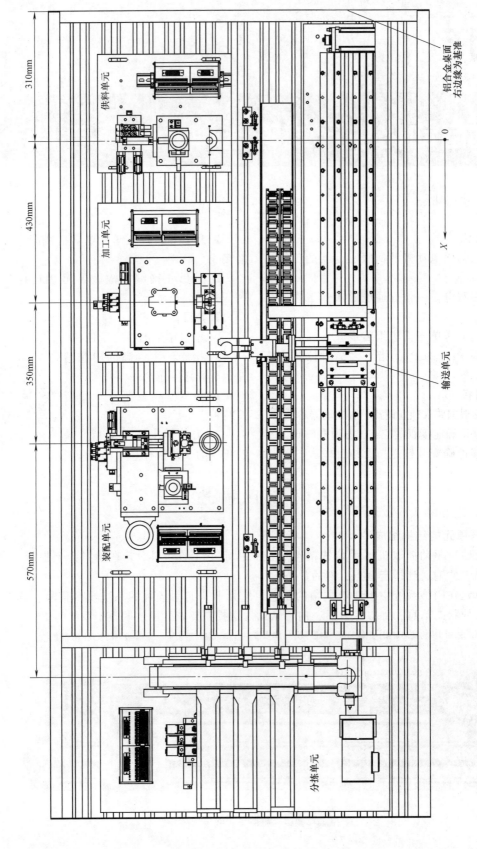

图 5-2　自动生产线设备俯视图

供料单元　加工单元　输送单元　装配单元　分拣单元

310mm　430mm　350mm　570mm

铝合金桌面
右边缘为基准

0
X

输送单元的结构如图 5-1 所示，主要包括抓取机械手装置、直线运动传动组件（包括驱动伺服电动机、驱动器、同步轮、同步带等）、拖链装置、PLC 模块和接线端口以及按钮/指示灯模块等部件组成。

2. 输送单元的控制要求

输送单元的工作过程及控制要求

输送单元单站运行的目标是测试设备传送工件的功能。要求其他各工作单元已经就位，如图 5-2 所示；并且在供料单元的出料台上放置了工件。具体测试要求如下。

1）输送单元在通电后，按下复位按钮 SB1，执行复位操作，使抓取机械手装置回到原点位置。在复位过程中，"正常工作"指示灯 HL1 以 1Hz 的频率闪烁。

当抓取机械手装置回到原点位置，且输送单元各个气缸满足初始位置的要求，则复位完成，"正常工作"指示灯 HL1 常亮。按下起动按钮 SB2，设备起动，"设备运行"指示灯 HL2 也常亮，开始功能测试过程。

2）正常功能测试。

① 抓取机械手装置从供料站出料台抓取工件，抓取的顺序是：手臂伸出→手爪夹紧抓取工件→提升台上升→手臂缩回。

② 抓取动作完成后，伺服电动机驱动机械手装置向加工站移动，移动速度不小于 300mm/s。

③ 机械手装置移动到加工站物料台的正前方后，即把工件放到加工站物料台上。抓取机械手装置在加工站放下工件的顺序是：手臂伸出→提升台下降→手爪松开放下工件→手臂缩回。

④ 放下工件动作完成 2s 后，抓取机械手装置执行抓取加工站工件的操作。抓取的顺序与供料站抓取工件的顺序相同。

⑤ 抓取动作完成后，伺服电动机驱动机械手装置移动到装配站物料台的正前方，然后把工件放到装配站物料台上。其动作顺序与加工站放下工件的顺序相同。

⑥ 放下工件动作完成 2s 后，抓取机械手装置执行抓取装配站工件的操作。抓取的顺序与供料站抓取工件的顺序相同。

⑦ 机械手手臂缩回后，摆台逆时针旋转 90°，伺服电动机驱动机械手装置从装配站向分拣站运送工件，到达分拣站传送带上方入料口后把工件放下，动作顺序与加工站放下工件的顺序相同。

⑧ 放下工件动作完成后，机械手手臂缩回，然后执行返回原点的操作。伺服电动机驱动机械手装置以 400mm/s 的速度返回，返回 900mm 后，摆台顺时针旋转 90°，然后以 100mm/s 的速度低速返回原点停止。

当抓取机械手装置返回原点后，一个测试周期结束。当供料单元的出料台上放置了工件时，再按一次起动按钮 SB2，开始新一轮的测试。

3）非正常运行的功能测试。若在工作过程中按下急停按钮 QS，则系统立即停止运行。在急停复位后，应从急停前的断点开始继续运行。但是若急停按钮按下时，输送站机械手装置正在向某一目标点移动，则急停复位后输送站机械手装置应首先返回原点位置，然后再向原目标点运动。

在急停状态，绿色指示灯 HL2 以 1Hz 的频率闪烁，直到急停复位后恢复正常运行时，HL2 恢复常亮。

5.2 相 关 知 识

5.2.1 交流伺服电动机及驱动器

伺服电动机又称为执行电动机，在自动控制系统中，用作执行元件，把所收到的电信号转换成电动机轴上的角位移或角速度输出。伺服电动机分为直流和交流伺服电动机两大类，其主要特点是，当信号电压为零时无自转现象，转速随着转矩的增加而匀速下降。交流伺服电动机是无刷电动机，分为同步和异步电动机，目前运动控制中一般都用同步电动机，它的功率范围大，可以做到很大的功率，惯量大，因而适合做低速平稳运行的应用。

20 世纪 80 年代以来，随着集成电路、电力电子技术和交流可变速驱动技术的发展，永磁交流伺服驱动技术有了突出的发展，交流伺服系统已成为当代高性能伺服系统的主要发展方向。

当前，高性能的电伺服系统大多采用永磁同步型交流伺服电动机，控制驱动器多采用快速、准确定位的全数字位置伺服系统。典型生产厂家如德国西门子、美国科尔摩根和日本安川等公司。YL—335B 采用了松下 MINAS-A4 系列伺服电动机及驱动。

1. 交流伺服电动机及驱动器的认知

在 YL—335B 的输送单元中，采用了松下 MHMD022P1U 永磁同步交流伺服电动机及 MADDT1 207003 全数字交流永磁同步伺服驱动装置作为运输机械手的运动控制装置，如图 5-3 所示。

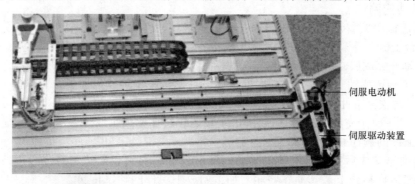

图 5-3　YL—335B 输送单元上的伺服电动机及驱动器

交流伺服电动机的工作原理是：伺服电动机内部的转子是永磁铁，驱动器控制的 A/B/C 三相电形成电磁场，转子在此磁场的作用下转动，同时电动机自带的编码器反馈信号给驱动器，驱动器根据反馈值与目标值进行比较，调整转子转动的角度。伺服电动机的精度决定于编码器的精度（线数）。其结构概图如图 5-4 所示。注意，伺服电动机最容易损坏的是电动机的编码器，因为其中有很精密的玻璃光盘和光电元件，因此电动机应避免强烈的振动，不得敲击电动机的端部和编码器部分。

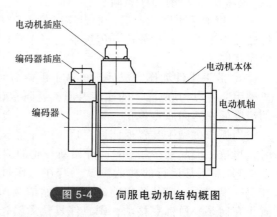

图 5-4　伺服电动机结构概图

MHMD022P1U 的含义：MHMD 表示电动机类型为大惯量，02 表示电动机的额定功率为 200W，2 表示电压规格为 200V，P 表示编码器为增量式编码器，脉冲数为 2500p/r，分辨率为 10000，输出信号线数为 5 根线。

交流永磁同步伺服驱动器主要由伺服控制单元、功率驱动单元、通信接口单元、伺服电动机及相应的反馈检测器件组成，其结构框图如图 5-5 所示。其中伺服控制单元包括位置控制器、速度控制器、转矩和电流控制器等。

MADDT1207003 的含义：MADDT 表示松下 A4 系列 A 型驱动器，T1 表示最大瞬时输出电流为 10A，2 表示电源电压规格为单相 200V，07 表示电流监测器额定电流为 7.5A，003 表示脉冲控制专用。其面板图如图 5-6 所示。

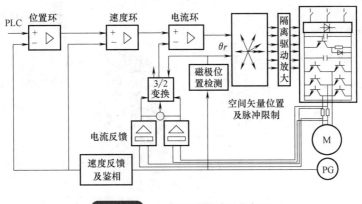

图 5-5　伺服驱动器的结构框图

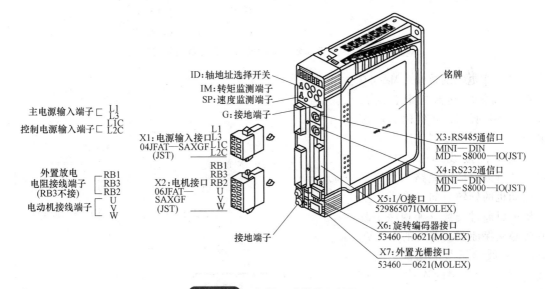

图 5-6　伺服驱动器的面板图

松下品牌的伺服驱动器有 7 种控制运行方式，即位置控制、速度控制、转矩控制、位置/速度控制、位置/转矩、速度/转矩、全闭环控制。位置方式就是输入脉冲串来使电动机定位运行，电动机转速与脉冲串频率相关，电动机转动的角度与脉冲个数相关；速度方式有两种：一是通过输入直流-10~10V 指令电压调速，二是选用驱动器内设置的内部速度来调速；转矩方式是通过输入直流-10~10V 指令电压调节电动机的输出转矩，这种方式下运行必须要进行速度限制，有两种方法：一是设置驱动器内的参数来限制；二是输入模拟量电压限速。

2. 伺服电动机及驱动器的硬件接线

伺服电动机及驱动器与外围设备之间的接线如图 5-7 所示，输入电源经断路器、滤波器后直接到控制电源输入端（X1）L1C、L2C，滤波器后的电源经接触器、电抗器后到伺服驱动器的主电源输入端（X1）L1、L3，伺服驱动器的输出电源（X2）U、V、W 接伺服电动机，伺服电动机的编码器输出信号也要接到驱动器的编码器接入端（X6），相关的 I/O 控制信号（X5）还要与 PLC 等控制器相连接，伺服驱动器还可以与计算机或手持控制器相连，用于参数设置。下面将从三个方面来介绍伺服驱动装置的接线。

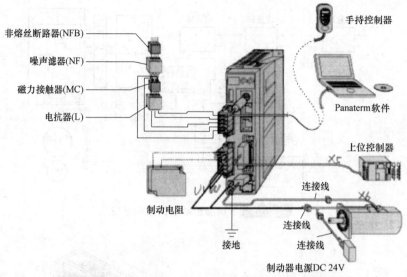

图 5-7 伺服电动机及驱动器与外围设备之间的接线

（1）主电路的接线　MADDT 1207003 伺服驱动器主电路的接线如图 5-8 所示，接线时，电源电压务必按照驱动器铭牌上的指示，电动机接线端子（U、V、W）不可以接地或短路，交流伺服电动机的旋转方向不像异步电动机可以通过交换三相相序来改变，必须保证驱动器上的 U、V、W、E 接线端子与电动机主电路接线端子按规定的次序一一对应，否则可能造成驱动器的损坏。电动机的接线端子和驱动器的接地端子以及滤波器的接地端子必须保证可靠地连接到同一个接地点上，机身也必须接地。本型号的伺服驱动器外接放电电阻规格为 $100\Omega/10W$。

单相电源经噪声滤波器后直接送给控制电源，主电源由磁力起动器 MC 控制，按下 ON 按钮，主电源接通，当按下 OFF 按钮时，主电源断开。也可改由 PLC 的输出接点来控制伺服驱动器的主电源的接通与断开。

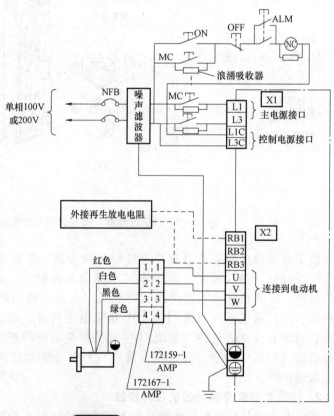

图 5-8 伺服驱动器主电路的接线

（2）电动机的光电编码器与伺服驱动器的接线　在 YL—335B 中使用的 MHMD022P1U 伺服电动机编码器为 2500p/r 的 5 线增量式编码器，接线如图 5-9 所示，接线时采用屏蔽线，且距离最长不超过 30m。

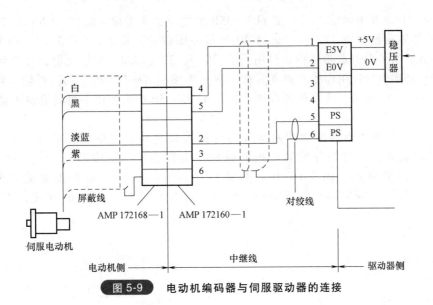

图 5-9　电动机编码器与伺服驱动器的连接

（3）PLC 控制器与伺服驱动器的接线　MADDT 1207003 伺服驱动器的控制端口如图 5-10

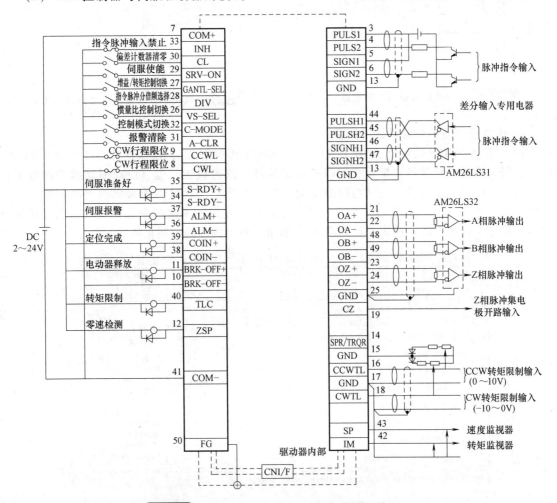

图 5-10　MADDT 1207003 伺服驱动器的控制端口

所示，其中有 10 路开关量输入点，在 YL3—35B 中使用了 3 个输入端口，CNX5_ 29（SRV—ON）伺服使能端接低电平，CNX5_ 8（CWL）接左限位开关输入，CNX5_ 9（CCWL）接右限位开关输入；有 6 路开关量输出，只用到了 CNX5_ 37（ALM）伺服报警；有两路脉冲量输入，在 YL3—35B 中分别用作脉冲和方向指令信号连接到 S7—226PLC 的高速输出端 Q0.0 和 Q0.1；有 4 路脉冲量输出，3 路模拟量输入，在 YL33—5B 中未使用。对其他输入量的定义可参看相关手册。

这里要重点说明一下两路脉冲两输入的内部接口电路，内部电路如图 5-11 所示，输入方式为光耦输入，可与差分或集电极开路输出电路连接，图中 OPC1/2 相对 PULS1 和 SIGN1 串联了一个电阻。图 5-10 中集电极开路输入方式，需要根据光耦的饱和电流（≤10mA）在外部串联电阻；在 YL—335B 中，采用了图 5-12 所示的方式，不需要外部串联电阻。

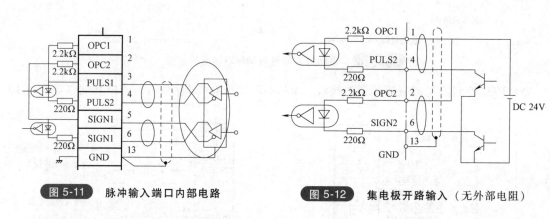

图 5-11　脉冲输入端口内部电路　　　　图 5-12　集电极开路输入（无外部电阻）

3. 伺服驱动器的参数设置与调整

（1）参数设置方式操作说明　MADDT1207003 伺服驱动器的参数共有 128 个，Pr00 ~ Pr7F，可以通过与计算机连接后在专门的调试软件上进行设置，也可以在驱动器的面板上进行设置。在计算机上安装，通过与伺服驱动器建立起通信，就可将伺服驱动器的参数状态读出或写入，非常方便，如图 5-13 所示。当现场条件不允许，或修改少量参数时，也可通过驱动器上操作面板来完成，操作面板如图 5-14 所示，各个按钮的说明见表 5-1。

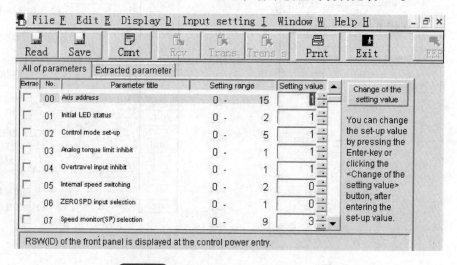

图 5-13　驱动器参数设置软件 Panaterm

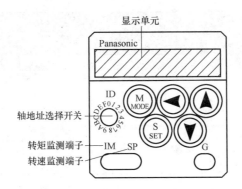

图 5-14　驱动器参数设置面板

表 5-1　伺服驱动器面板按钮的说明

按键说明	激活条件	功 能
MODE	在模式显示时有效	在以下 5 种模式之间切换：监视器模式；参数设置模式；EEPROM 写入模式；自动调整模式；辅助功能模式
SET	一直有效	用来在模式显示和执行显示之间切换
▲　▼	仅对小数点闪烁的那一位数据位有效	改变模式里的显示内容、更改参数、选择参数或执行选中的操作
◄		把移动的小数点移动到更高位数

面板操作说明：

1）参数设置，先按"SET"键，再按"MODE"键选择到"Pr00"后，按向上、向下或向左的方向键选择通用参数的项目，按"SET"键进入。然后按向上、同下或向左的方向键调整参数，调整完后，按"S"键返回。选择其他项再进行调整。

伺服驱动器
参数设置

2）参数保存，按"MODE"键选择到"EE—SET"后按"SET"键确认，出现"EEP—"，然后按向上键 3s，出现"FINISH"或"RESET"，然后重新上电即保存。

（2）部分参数说明　在 Y1—335B 上，伺服驱动装置工作于位置控制模式，S7—226 的 Q0.0 输出脉冲作为伺服驱动器的位置指令，脉冲的数量决定伺服电动机的旋转位移，即机械手的直线位移，脉冲的频率决定了伺服电动机的旋转速度，即机械手的运动速度，S7—226 的 Q0.1 输出脉冲作为伺服驱动器的方向指令。对于控制要求较为简单，伺服驱动器可采用自动增益调整模式。根据上述要求，伺服驱动器参数设置见表 5-2。

表 5-2　伺服驱动器参数设置

序号	参数		设置数值	功能和含义
	参数编号	参数名称		
1	Pr01	LED 初始状态	1	显示电动机转速
2	Pr02	控制模式	0	位置控制（相关代码）
3	Pr04	行程限位禁止输入无效果设置	2	当左或右限位动作，则会发生 Errs8 行程限位禁止输入信号出错报警设置此参数必须在控制电源断电重启之后才能修改，写入成功

（续）

序号	参数		设置数值	功能和含义
	参数编号	参数名称		
4	Pr20	惯量比	1678	该值通过自动调整得到
5	Pr21	实施自动增益设置	1	实时自动调整为常规模式，运行时负载惯量的变化情况很小
6	Pr22	实施自动增益的机械刚性选择	1	此参数设得越大，相应越快，但过大可能不稳定
7	Pr41	指令脉冲旋转方向设置	1	指令脉冲+指令方向，设置此参数值在控制电源断电重启之后才能修改，写入成功
8	Pr42	指令脉冲输入方式	3	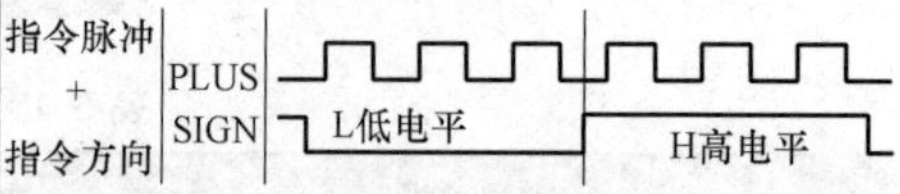指令脉冲 + 指令方向 PLUS SIGN L低电平 H高电平
9	Pr48	指令脉冲分倍频第 1 分子	10000	每转所需脉冲数＝编码器分辨率×$\frac{Pr4B}{Pr48\times 2^{Pr4A}}$，编码器分辨率为 10000（2500p/r×4），则每转所需脉冲数＝10000×$\frac{Pr4B}{Pr48\times 2^{Pr4A}}$＝10000×$\frac{5000}{10000\times 2^{0}}$＝5000
10	Pr49	指令脉冲分倍频第 2 分子	0	
11	Pr4A	指令脉冲分倍频分子倍率	0	
12	Pr4B	指令脉冲分倍频分母	5000	

注：其他参数的说明及设置请参看松下 Ninas A5 系列伺服电动机、驱动器使用说明书。

5.2.2 PLC 的 MAP 库文件的应用

S7—200 提供了三种方式的开环运功控制。

1）脉宽调制（PWM）：内置于 S7—200，用于速度、位置或占空比控制。

2）脉冲输出（PTO）：内置于 S7—200，用于速度和位置控制。

3）EM253 位控模块：用于速度和位置控制的附加模块。

S7—200 的内置脉冲串输出提供了两个数字输出通道（Q0.0 和 Q0.1），该数字输出可以通过位控向导组态为 PWM 或 PTO 的输出。

当组态一个输出为 PTO 操作时，生成一个 50%占空比脉冲串用于步进电动机或伺服电动机的速度和位置的开环控制。内置 PTO 功能仅提供了脉冲串输出。因此，编写应用程序时必须通过 PLC 内置 I/O 或扩展模块提供方向和限位控制。

PTO 按照给定的脉冲个数和周期输出一串方波（占空比 50%），如图 5-15 所示，PTO 可以产生单段脉冲串或者多段脉冲串（使用脉冲包络）。可以制动脉冲数和周期（以微秒或毫秒为增加量）。

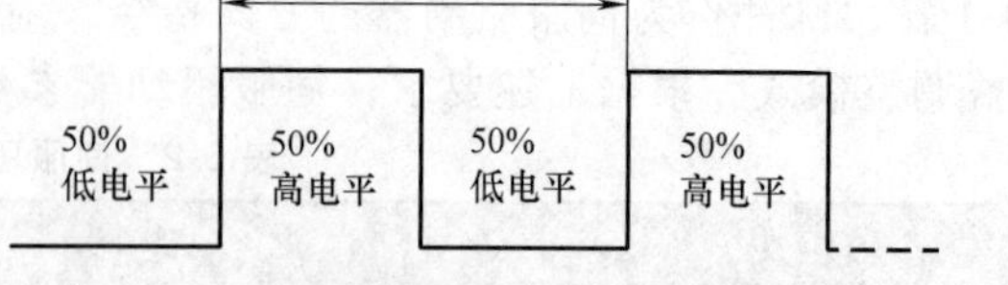
周期
50%
低电平
50%
高电平
50%
低电平
50%
高电平
图 5-15 PTO 周期

脉冲个数：1~4294967295。

周期：（10~65535）μs 或者（2~65535）ms。

200 系列 PLC 的最大脉冲输出频率除 CPU224XP 以外均为 20kHz，CPU224XP 可达 100kHz，见表 5-3。

表 5-3　最大脉冲输出频率

CPU 型号	最大脉冲输出频率	CPU 型号	最大脉冲输出频率
221	20kHz	224XP	100kHz
222	20kHz	226	20kHz
224	20kHz		

1. MAP 库的基本描述

现在，200 系列 PLC 本体 PTO 提供了应用库 MAP SERV Q0.0 和 MAP SERV Q0.1，分别用于 Q0.0 和 Q0.1 的脉冲输出，如图 5-16 所示。这两个库文件可同时应用于同一项目。

各个块的功能见表 5-4。

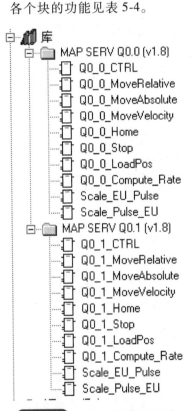

表 5-4　各个块的功能

块名称	功　能
Q0_x_CTRL	参数定义控制
Q0_x_MoveRelative	执行一次相对位移运动
Q0_x_MoveAbsolute	执行一次绝对位移运动
Q0_x_MoveVelocity	按预设的速度运动
Q0_x_Home	寻找参考点位置
Q0_x_Stop	停止运动
Q0_x_LoadPos	重新装载当前位置
Scale_EU_Pulse	将距离值转化为脉冲数
Scale_ Pulse _ EU	将脉冲数转化为距离值

图 5-16　PTO 提供的应用库
MAP SERV Q0.0 和 MAP SERV Q0.1

该功能块可驱动线性轴。为了很好地应用该库，需要在运动轨迹上添加三个限位开关，如图 5-17 所示。

1）一个参考点接近开关（Home），用于定义绝对位置 C_Pos 的零点。

2）两个边界限位开关，一个是正向限位开关（Fwd_Limit），一个是反向限位开关（Rev_Limit）。

3）绝对位置 C_Pos 的计数值格式为 DINT，所以其计数范围为 $-2147483648 \sim 2147483648$。

4）如果一个限位开关被运动物件触碰，

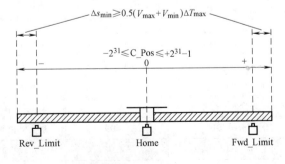

图 5-17　三个限位开关

则该运动物件会减速停止，因此，限位开关的安置位置应当留出足够的余量 $\Delta S_{\min}$，以避免物件滑出轨道尽头。

2. 输入输出点定义

应用 MAP 库时，一些输入输出点的功能被预先定义，见表5-5。

表5-5　输入输出点的功能

名称	MAP SERV Q0.0	MAP SERV Q0.1
脉冲输出	Q0.0	Q0.1
方向输出	Q0.2	Q0.3
参考点输入	I0.0	I0.1
所用高速计数器	HC0	HC3
高速计数器预设值	SMD 42	SMD 142
手动速度	SMD 172	SMD 182

3. MAP 库的背景数据块

为了可以使用该库，必须为该库分配68Byte（每个库）的全局变量，如图5-18所示。

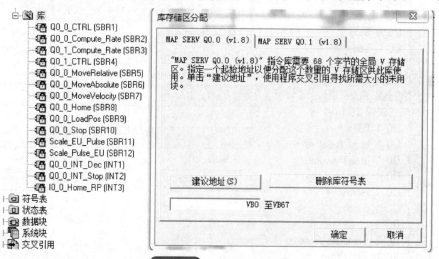

图5-18　分配全局变量

表5-6是使用该库时所用到的最重要的一些变量（以相对地址表示）。

表5-6　变量的相对地址注释

符号名	相对地址	注　释
Disable_Auto_Stop	+V0.0	默认值＝0意味着当运动物件已经到达预设地点时，即使尚未减速到Velocity_SS，依然停止运动；默认值＝1则减速至Velocity_SS时才停止
Dir_Active_Low	+V0.1	方向定义，默认值＝0表示方向，输出值＝1时表示正向
Flnal_Dir	+V0.2	寻找参考点过程中的最后方向
Tune_Factor	+VD1	调整因子（默认值＝0）
Ramp_Time	+VD5	Ramp time ＝accel_dec_time（加速时间）
Max_Speed_DI	+VD9	最大输出频率＝Velocity_Max
SS_Speed_DI	+VD13	最小输出频率＝Velocity_Max
Homing_State	+VD18	寻找参考点过程状态

（续）

符号名	相对地址	注　释
Homing_Slow_Spd	+VD19	寻找参考点时的低速（默认值=Velocity_SS）
Homng_Fast_Spd	+VD23	寻找参考点时的高速（默认值=Velocity_MAX/2）
Fwd_Limit	+V27.1	正向限位开关
Rev_Limit	+V27.2	反向限位开关
Homing_Active	+V27.3	寻找参考点激活
C_Dir	+V27.4	当前方向
Homing_Limit_Chk	+V27.5	限位开关标志
Dec_Stop_Flag	+V27.6	开始速度
PTO0_LDPOS_Error	+VB28	使用 Q0_x_LoadPos 时故障信息（16#00=无故障,16#FF=故障）
Target_Location	+VD29	目标位置
Deceleration_factor	+VD33	减速因子=（Velocity_SS − Velocity_MAX）/accel_dec_time（格式：REAL）
SS_Speed_real	+VD37	最小速度=Velocity_ss（格式：REAL）
Est_Stopping_Dist	+VD41	计算出的减速距离（格式：DINT）

4. 功能块介绍

下面逐一介绍该库中所应用到的程序块。这些程序块全部基于 PLC-200 的内置 PTO 输出，完成运动控制的功能。此外，脉冲数将通过制定的高速计数器 HSC 计量。通过 HSC 中断计算并触发减速的起始点。

（1）Q0_0_CTRL 该块用于传递全局参数，每个扫描周期都需要被调用。该功能块如图5-19 所示，其功能描述见表5-7。

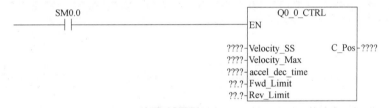

图 5-19 功能块

表 5-7 功能描述

参数	类型	格式	单位	意义
Velocity_SS	IN	DINT	p/s	起动停止频率
Velocity_Max	IN	DINT	p/s	最大脉冲频率
accel_dec_time	IN	REAL	s	最大加减速时间
Fwd_Limit	IN	BOOL		正向限位开关
Rev_Limit	IN	BOOL		反向限位开关
C_Pos	OUT	DINT	p	当前绝对位置

Velocity_SS 是最小脉冲频率，是加速过程的起点和减速过程的终点。Velocity_Max 是最大脉冲频率，受限于电动机最大频率和 PLC 的最大输出频率。在程序中若输入超出（Velocity

_SS，Velocity_Max）范围的脉冲频率，将会被 Velocity_SS 或 Velocity_Max 所取代。accel_dec_time 是由 Velocity_SS 加速到 Velocity_Max 所用时间（或由 Velocity_Max 减速到 Velocity_SS 所用的时间，两者相等），范围被规定为 0.02～32.0s，但是最好不要小于 0.5s；超出 accel_dec_time 范围的值还是可以被写入块中，但是会导致定位过程出错。

（2）Scale_EU_Pulse 该块用于将一个位置量转化为脉冲量，因此它可用于将一段位移转化为脉冲数，或将一个速度转化为脉冲频率。该功能块如图 5-20 所示，其功能描述见表 5-8。

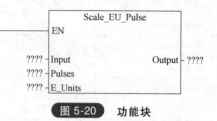

图 5-20 功能块

表 5-8 功能描述

参数	类型	格式	单位	意　义
Input	IN	REAL	mm 或 mm/s	欲转换的位移或速度
Pulses	IN	DINT	p/r	电动机转一圈所需的脉冲数
E_Units	IN	REAL	mm/r	电动机转一圈所产生的位移
Output	OUT	DINT	p 或 p/s	转换后的脉冲数或脉冲频率

下面是该功能块的计算公式

$$Output = \frac{Pulses}{E\_units} \times Input$$

（3）Scale_Pulse_EU 该块用于将一个脉冲量转化为一个位置量，因此它可用于将一段脉冲数转化为位移，或将一个脉冲频率转化为速度。该功能块如图 5-21 所示，其功能描述见表 5-9。

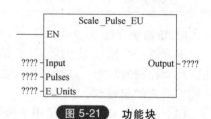

图 5-21 功能块

表 5-9 功能描述

参数	类型	格式	单位	意　义
Input	IN	REAL	p 或 p/s	欲转换的脉冲数或脉冲频率
Pulses	IN	DINT	p/r	电动机转一圈所需的脉冲数
E_Units	IN	REAL	mm/r	电动机转一圈所产生的位移
Output	OUT	DINT	mm 或 mm/s	转换后的位移或速度

下面是该功能块的计算公式

$$Output = \frac{E\_units}{Pulses} \times Input$$

（4）Q0_0_Home 该功能块如图 5-22 所示，其功能描述见表 5-10。

图 5-22 功能块

表 5-10 功能描述

参数	类型	格式	单位	意 义
EXECUTE	IN	BOOL		寻找参考点的执行位
Position	IN	DINT	p	参考点绝对位移
Start_Dir	IN	BOOL		寻找参考点的起始方向(0 = 反向,1 = 正向)
Done	OUT	BOOL		完成位(1 = 完成)
Error	OUT	BOOL		故障位(1 = 故障)

该功能块用于寻找参考点,在寻找过程的开始,电动机首先确定 Start_Dir 的方向,Homing_Fast_Spd 的速度开始寻找:在碰到 limit switch("Fwd_Limit" or "Rev_Limit")后,减速至停止,然后开始向反方向寻找:当碰到参考点开关(input I0.0;with Q0_1_Home:I0.1)的上升沿时,开始减速到"Homing_Slow_Spd",如果此时的方向与"Final_Dir"相同,则在碰到参考点开关下降沿时停止运动,并且将计数器 HC0 的计数值设为"Position"中所定义的值。

如果当前方向与"Final_Dir"不同则必然要改变运动方向,这样就可以保证参考点始终在参考点开关的同一侧(具体是哪一侧取决于"Final_Dir"),寻找参考点的状态可以通过全局变量"Homing_State"来监测,见表 5-11。

表 5-11 全局变量"Homing_State"值的意义

Homing_State 的值	意 义
0	参考点已找到
2	开始寻找
4	在相反方向,以速度 Homing_Fast_Spd 继续寻找过程(在碰到限位开关或参考点开关之后)
6	发现参考点,开始减速过程
7	在方向 Final_Dir,以速度 Homing_Slow_Spd 继续寻找过程(在参考点已经在 Homing_Fast_Spd 的速度下被发现之后)
10	故障(在两个限位开关之间并未发现参考点)

(5) Q0_0_MoveRelative 该功能块用于让轴按照指定的方向,以指定的速度,运动指定的相对位移。该功能块如图 5-23 所示,其功能描述见表 5-12。

图 5-23 功能块

表 5-12 功能描述

参数	类型	格式	单位	意 义
EXECUTE	IN	BOOL		相对位移运动的执行位

（续）

参数	类型	格式	单位	意　义
Num_Pulses	IN	DINT	p	相对位移（必须>1）
Velocity	IN	DINT	p/s	预置频率（Velocity_SS<=Velocity<=Velocity_Max）
Direction	IN	BOOL		预置方向
Done	OUT	BOOL		完成位（1=完成）

（6）Q0_0_MoveAbsolute　该功能块用于让轴以指定速度，运动到指定的绝对位置。该功能块如图5-24所示，其功能描述见表5-13。

表5-13　功能描述

参数	类型	格式	单位	意　义
EXECUTE	IN	BOOL		相对位移运动的执行位
Position	IN	DINT	p	绝对位移
Velocity	IN	DINT	p/s	预置频率（Velocity_SS<=Velocity<=Velocity_Max）
Done	OUT	BOOL		完成位（1=完成）

（7）Q0_0_MoveVelocity　该功能块用于让轴按照指定的方向和频率运动，在运动过程中可对频率进行更改。该功能块如图5-25所示，其功能描述见表5-14。

图 5-24　功能块　　　　　　　图 5-25　功能块

表5-14　功能描述

参数	类型	格式	单位	意　义
EXECUTE	IN	BOOL		执行位
Velocity	IN	DINT	p/s	预置频率（Velocity_SS<=Velocity<=Velocity_Max）
Direction	IN	BOOL		预置方向（0=反向,1=正向）
Error	OUT	BYTE		故障标识（0=无故障,1=立即停止,3=执行错误）
C_Pos	OUT	DINT		当前绝对位置

注意：Q0_x_MoveVelocity功能块只通过Q0_x_Stop功能块来停止轴的运动，如图5-26

所示。

（8）Q0_0_Stop 该功能块用于使轴减速至停止。该功能块如图 5-27 所示，其功能描述见表 5-15。

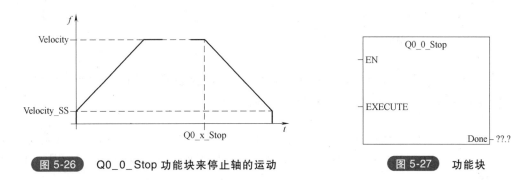

<table>
<tr><td>图 5-26</td><td>Q0_0_Stop 功能块来停止轴的运动</td></tr>
</table>

图 5-27 功能块

表 5-15 功能描述

参数	类型	格式	单位	意　义
EXECUTE	IN	BOOL		执行位
Done	OUT	BOOL		完成位（1=完成）

（9）Q0_0_LoadPos 该功能块用于将当前位置的绝对位置设为预置值。该功能块如图 5-28 所示，其功能描述见表 5-16。

注意：使用该功能块将使得原参考点失效，为了清晰地定义绝对位置，必须重新寻找参考点。

5. 校准

该处所使用的算法将计算出减速过程（从减速起始点到速度最终达到 Velocity_SS）所需要的脉冲数。但是，在减速过程中所形成的斜坡有可能会导致计算出的减速斜坡与实际的包络不完全一致。此时就需要对"Tune_Factor"进行校正。

图 5-28 功能块

（1）校正因子"Tune_Factor" "Tune_Factor"的最优值取决于最大、最小和目标脉冲频率以及最大减速时间，如图 5-29 所示。

表 5-16 功能描述

参数	类型	格式	单位	意　义
EXECUTE	IN	BOOL		设置绝对位置的执行位
New_Pos	IN	DINT	p	预置绝对位置
Done	OUT	BOOL		完成位（1=完成）
Error	OUT	BYTE		故障位（0=无故障）
C_Pos	OUT	DINT	p	当前绝对位置

如图 5-29 所示，运动的目标位置是 B，算法会自动计算出减速起始点，当计算与实际不符时，当轴已经运动到 B 点时，尚未到达最低速度，此时若位"Disable_Auto_Stop"=0 则轴运动到 B 点即停止运动，若位"Disable_Auto_Stop"=1，则轴会继续运动直至到达最低速度。图 5-29 中所示的情况为计算的减速起始点出现的太晚了。

（2）确定调整因子　一次新的校准过程并不需要将伺服驱动器连接到 CPU。具体步骤如下：

1）置位"Disable_Auto_Stop"，即令"Disable_Auto_Stop" = 1。

2）设置"Tune_Factor" = 1。

3）使用 Q0_x_LoadPos 功能将当前位置的绝对位置设为 0。

4）使用 Q0_x_MoveRelative，以指定的速度完成一次相对位置运动（流出足够的空间以使得该运动得以顺利完成）。

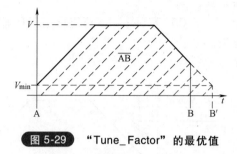

图 5-29　"Tune_Factor"的最优值

（3）查看实际位置　运动完成后，查看实际位置 HC0。Tune_Fator 的调整值应由 HC0、目标相对位 Num_Pulses、预计减速距离 Est_Stopping_Dist 所决定。Est_Stopping_Dist 由下面公式计算得出：

$$Est\_Stopping\_Dist = \frac{Veloctity^2 - Veloctity\_SS^2}{Veloctity\_Max - Veloctity\_SS} \times \frac{accel\_dec\_time}{2}$$

Tune_Factor 由下面的公式计算得出

$$Tune\_Factor = \frac{HC0 - Num\_Pulses + Est\_Stopping\_Dist}{Est\_Stopping\_Dist}$$

（4）数值传递　在调用 Q0_x_CTRL 的网络，将调整后的 Tune_Factor 传递给全局变量 +VD1，如图 5-30 所示。

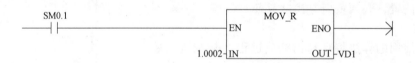

图 5-30　将调整后的 Tune_Factor 传递给全局变量 +VD1

（5）复位　复位"Disable_Auto_Stop"，即令"Disable_Auto_Stop" = 0。

（6）寻找参考点的若干种情况　在寻找参考点的过程中由于起始位置、起始方向和终止方向的不同会出现很多种情况。一个总的原则就是：从起始位置以起始方向 Start_Dir 开始寻找，碰到参考点之前若碰到限位开关，则立即调头开始反向寻找，找到参考点开关的上升沿（即刚遇到参考点开关）即减速到寻找低速 Homing_Slow_Spd，若在检测到参考点开关下降沿（即刚离开遇到参考点开关）之前已经减速到 Homing_Slow_Spd，则比较当前方向与终止方向 Final_Dir 是否一致，若一致，则完成参考点寻找过程：若否，则调头寻找另一端的下降沿。若在检测到参考点开关的下降沿（即刚离开遇到参考点开关）之前尚未减速到 Homing_Slow_Spd，则在减速到 Homing_Slow_Spd 后调头加速，直至遇到参考点开关上升沿，重新减速到 Homing_Slow_Spd，最后判断当前方向与终止方向 Final_Dir 是否一致，若一致，则完成参考点找寻过程；若不一致，则调头寻找另一端的下降沿（Final_Dir 决定寻找参考点过程结束后，轴停在参考点开关的哪一侧）。

下面的图形会反应不同情形下寻找参考点的过程。

Start_Dir = 0，Final_Dir = 0，如图 5-31 所示。

Start_Dir = 0，Final_Dir = 1，如图 5-32 所示。

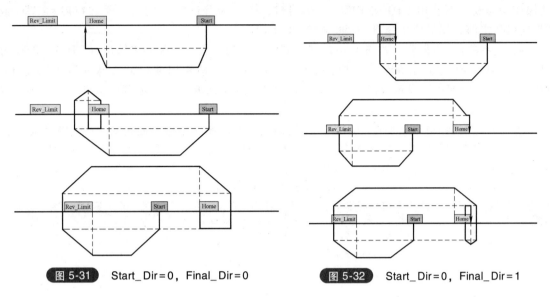

图 5-31   Start_Dir = 0，Final_Dir = 0

图 5-32   Start_Dir = 0，Final_Dir = 1

Start_Dir = 1，Final_Dir = 0，如图 5-33 所示。

Start_Dir = 1，Final_Dir = 1，如图 5-34 所示。

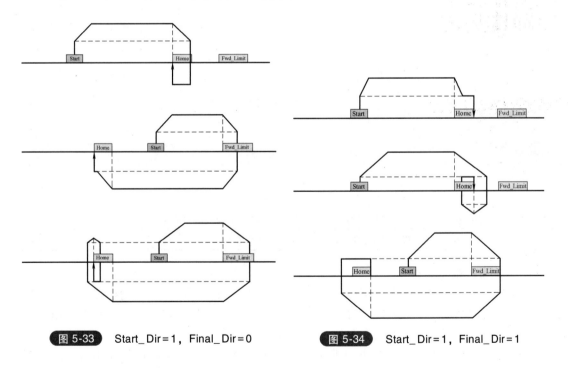

图 5-33   Start_Dir = 1，Final_Dir = 0

图 5-34   Start_Dir = 1，Final_Dir = 1

5.2.3 PLC 的位置控制

1. PTO 的认知与编程

高速脉冲输出功能在 S7—200 系列 PLC 的 Q0.0 或 Q0.1 输出端产生高速脉冲，用来驱动诸如伺服（步进）电动机一类负载，实现速度和位置控制。

高速脉冲输出有脉冲输出 PTO 和脉宽调制输出 PWM 两种形式。每个 CPU 有两个 PTO/PWM 发生器，分配给输出端 Q0.0 和 Q0.1。当 Q0.0 或 Q0.1 设定为 PTO 或 PWM 功能时，其他操作均失效。不使用 PTO 或 PWM 发生器时，则作为普通端子使用，通常在启动 PTO 或 PWM 操作之前，用复位指令 R 将 Q0.0 或 Q0.1 清零。

由于控制输出为伺服（步进）电动机负载，所以我们只研究脉冲串输出（PTO），PTO 可以发出方波（90 占空比 50%），并可指定输出脉冲的数量和周期时间，脉冲数可指定 1~4294967295。周期可以设定成以 μs 为单位也可以以 ms 为单位，设定范围为 50~65535μs 或 2~65535ms。

怎样才能控制 Q0.0 呢？Q0.0 和 Q0.1 输出端子的高速功能输出通过对 PTO/PWM 寄存器的不同设置来实现。PTO/PWM 寄存器由 SMB65~SMB85 组成，它们的作用是监视和控制脉冲输出（PTO）和脉宽调制（PWM）功能。各寄存器的字节值和位值的意义见表 5-17。

表 5-17　功能描述 PTO/PWM 寄存器说明

Q0.0	Q0.1	说　明		
SM66.4	SM76.4	PTO 包络由于增量计算错误异常终止	0:无错	1:异常终止
SM66.5	SM76.5	PTO 包络由于用户命令异常终止	0:无错	1:异常终止
SM66.6	SM76.6	PTO 流水线溢出	0:无溢出	1:溢出
SM66.7	SM76.7	PTO 空闲	0:运行中	1:PTO 空闲
SM67.0	SM77.0	PTO/PWM 刷新周期值	0:不刷新	1:刷新
SM67.1	SM77.1	PTO 刷新脉冲宽度值	0:不刷新	1:刷新
SM67.2	SM77.2	PTO 刷新脉冲计数值	0:不刷新	1:刷新
SM67.3	SM77.3	PAO/PWM 时基选择	0:1μs	1:1ms
SM67.4	SM77.4	PWM 更新方法	0:异步更新	1:同步更新
SM67.5	SM77.5	PTO 操作	0:单段操作	1:多段操作
SM67.6	SM77.6	PTO/PWM 模式选择	0:选择 PTO	1:选择 PWM
SM67.7	SM77.7	PTO 允许	0:禁止	1:允许
SMW68	SMW78	PTO/PWM 周期时间值(范围:2~65535)		
SMW70	SMW80	PWM 脉冲宽度值(范围:0~65535)		
SMD72	SMD82	PTO 脉冲计数值(范围:1~4294967295)		
SMB166	SMB176	段号(仅用于多段 PTO 操作),多段流水线 PTO 运行中的段的编号		
SMW168	SMW178	包络表的起始位置,用于 V0 的字节偏移量表示(仅用于多段 PTO 操作)		

2. 开环位控信息简介

为了简化用户应用程序中位控功能的使用，STEP7—Micro/WIN 提供的位控向导可以帮助用户在几分钟内全部完成 PWM、PTO 或位控模块的组态。向导可以生成位置指令，用户可以用这些指令在其应用程序中为速度和位置提供动态控制。

开环位控用于伺服（步进）电动机的基本信息借助位控向导组态 PTO 输出时，需要用户提供一些基本信息，逐项介绍如下。

1）最大速度（MAX_SPEED）和起动/停止速度（SS_SPEED），如图 5-35 所示。

MAX_SPEED：允许的操作速度的最大值，它应在电动机转矩能力的范围内。驱动负载所需的转矩由摩擦力、惯性以及加速/减速时间决定。

SS_SPEED：该数值应满足电动机在低速时驱动负载的能力，如果 SS_SPEED 的数值过低，电动机和负载在运动的开始和结束时可能会摇摆或颤动。如果 SS_SPEED 的数值过高，电动机会在起动时丢失脉冲，并且负载在试图停止时会使电动机超速。通常情况下，

SS_SPEED值是 MAX_SPEED 值的 5%~15%。

2）加速和减速时间，如图 5-36 所示。

加速时间 ACCEL_TIME：电动机从 SS_SPEED 速度加速到 MAX_SPEED 速度所需要的时间。

减速时间 DECEL_TIME：电动机从 MAX_SPEED 速度减速到 SS_SPEED 速度所需要的时间。

加速时间和减速时间的默认设置都是 1000ms。通常，电动机可在小于 1000ms 的时间内工作。

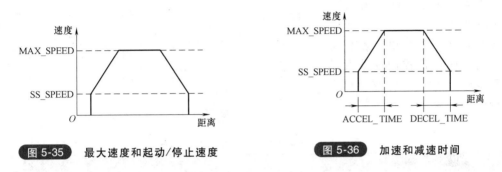

图 5-35 最大速度和起动/停止速度　　**图 5-36** 加速和减速时间

3）移动包络：包络是一个预先定义的移动描述，它包括一个或多个速度，影响着从起点到终点的移动。一个包络由多段组成，每段包含一个达到目标速度的加速/减速过程和以目标速度匀速运行的一串固定数量的脉冲。

在 Micro—win4.0 的位控向导中提供移动包络定义界面，应用程序所需的每一个移动包络均可在这里定义。PTO 支持最大 100 个包络。

定义一个包络，包括如下几点。

① 选择包络的操作模式。PTO 支持相对位置和单一速度的连续转动，如图 5-37 所示，相对位置模式指的是运动的终点位置是从起点侧开始计算的脉冲数量。单速连续转动则不需要提供终点位置，PTO 一直持续输出脉冲，直至有其他命令发出，如到达原点要求停发脉冲。

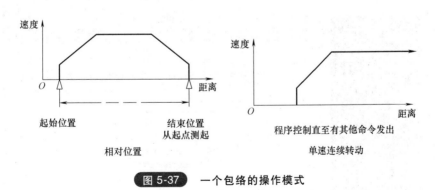

图 5-37 一个包络的操作模式

② 定义包络的各步指标：一个步是工件运动的一个固定距离，包括加速和减速时间内的距离。PTO 每一包络最大允许 29 个步。每一步包括目标速度和结束位置或脉冲数目等几个指标。图 5-38 所示为一步、两步、三步和四步包络。注意一步包络只有一个常速段，两步包络有两个常速段，依此类推。步的数目与包络中常速段的数目一致。

③ 为包络定义一个符号名。

5.2.4 输送站伺服电动机的 PLC 控制

S7—200 系列 PLC 提供两种位置控制方法：一种是利用位控向导设置高速脉冲输出，另一种是利用 PLC 自带的 MAP 库文件。这里主要介绍利用第一种方法实现机械手的位置控制。

STEP7 V4.0 软件的位控向导能自动处理 PTO 脉冲的单段管线和多段管线、脉宽调制、SM 位置配置和创建包络表。

这里给出一个简单工作任务例子，阐述使用位控向导编程的方法和步骤。表 5-18 是这个例子中实现伺服电动机运行所需的运动包络。

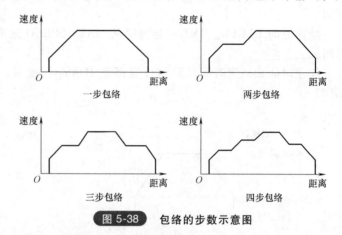

图 5-38　包络的步数示意图

表 5-18　伺服电动机运行所需的运动包络

运动包络	站　　点		脉冲量	移动方向
1	供料站→加工站	430mm	43000	
2	加工站→专配站	350mm	35000	
3	装配站→分拣站	260mm	26000	
4	分拣站→高速回零前	900mm	90000	DIR
5	低速回零		单速返回	DIR

使用位控向导编程的步骤如下。

1）为 S7—200 PLC 选择组态内置 PTO 操作。

在 STEP7 V4.0 软件命令菜单中选择工具"位置控制向导"，即开始引导位置控制配置。在向导弹出的第 1 个界面，选择"配置 S7—200 PLC 内置 PTO/PWM 操作"，如图 5-39 所示。

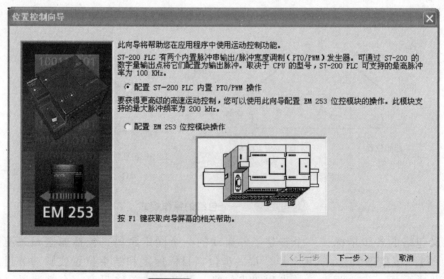

图 5-39　位控向导启动界面

在第 2 个界面中选择"Q0.0"作脉冲输出。接下来的第 3 个界面如图 5-40 所示，选择

"线性脉冲串输出（PTO）"，并勾选"使用高速计数器 HSC0（模式 12）自动计数线性 PTO 生成的脉冲。此功能将在内部完成，无需外部接线"选项对 PTO 生成的脉冲自动计数的功能。单击"下一步"就开始了组态内置 PTO 操作。

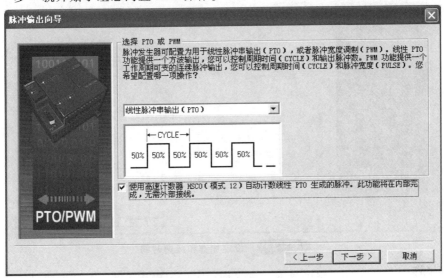

图 5-40　组态内置 PTO 操作选择界面

2）接下来的两个界面，要求设定电动机的速度参数，包括前面所述的电动机最高速度 MAX_SPEED 和电动机起动/停止速度 SS_SPEED，以及加速时间 ACCEL_TIME 和减速时间 DECEL_TIME。

同时在对应的编辑框中输入相应数值。例如，输入电动机最高速度为 90000 脉冲/s，把电动机起动/停止速度设定为 600 脉冲/s，这时，如果单击 MIN_SPEED 值对应的灰色框，可以发现，MIN_SPEED 值改为 600 脉冲/s，注意：MIN_SPEED 值由计算得出。用户不能在此域中输入其他数值，如图 5-41 所示。

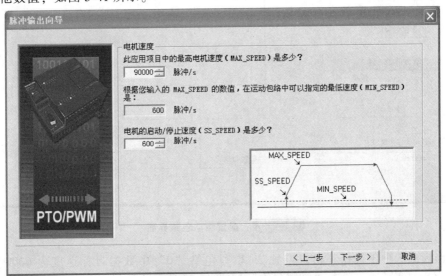

图 5-41　设定电动机速度参数

单击"下一步"按钮，填写加速时间 ACCEL_TIME 和减速时间 DECEL_TIME 分别为 1000ms 和 200ms，如图 5-42 所示。完成给位控向导提供基本信息的工作。单击"下一步"，开始配置运动包络界面。

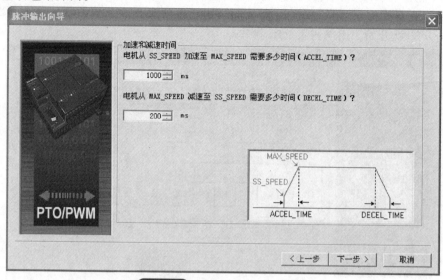

图 5-42　设定加速和减速时间

3）图 5-43 是配置运动包络的界面。该界面要求设定操作模式、1 个步的目标速度、结束位置等步的指标，以及定义这一包络的符号名（从第 0 个包络第 0 步开始）。

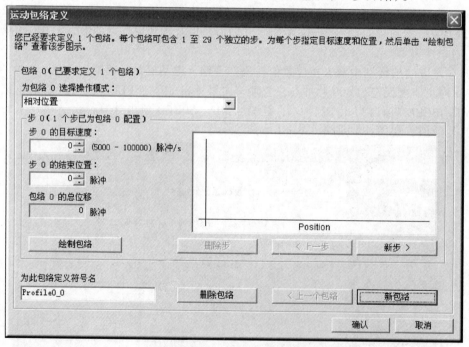

图 5-43　配置运动包络界面

在操作模式选项中选择"相对位置"，填写包络"0"中数据目标速度为 60000 脉冲/s，结束位置为 85600 脉冲，单击"绘制包络"，如图 5-44 所示。注意，这个包络只有 1 步。包络的符号名按默认定义（Profile0_0）。这样，第 0 个包络的设置，即从供料站→加工站的运动包络设置就完成了。现在可以设置下一个包络，单击"新包络"按钮，按上述方法将表5-19中上 3 个位置数据输入包络中去。

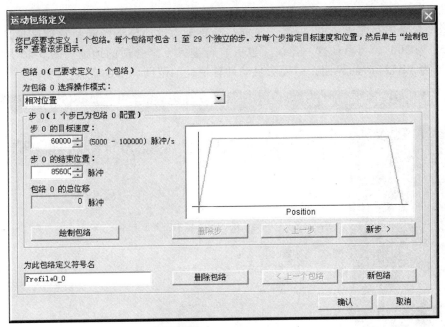

图 5-44 设置第 0 个包络

表 5-19 包络表的位置数据

站 点		位移脉冲量	目标速度/(脉冲/s)	移动方向
加工站→装配站	350mm	35000	30000	
装配站→分解站	260mm	26000	30000	
分解站→高速回零前	900mm	90000	40000	DIR
低速回零		单速返回	20000	DIR

　　表 5-19 中最后一行为低速回零，是单速连续运行模式，选择这种操作模式后，在所出现的界面中（见图 5-45），写入目标速度为 20000 脉冲/s。界面中还有一个包络停止操作选项，

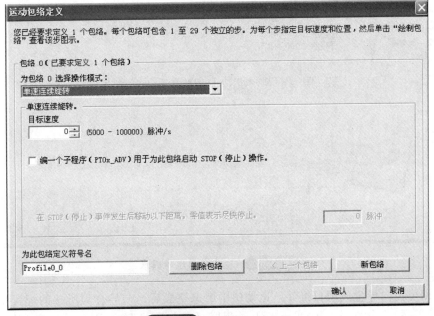

图 5-45 设置第 4 个包络

是当停止信号输入时再向运动方向按设定的脉冲数走完停止，在本系统不使用。

4）运动包络编写完成单击"确认"，向导会要求为运动包络指定 V 存储区地址（建议地址为 VB75~VB300），可默认这一建议，也可自行键入一个合适的地址。图 5-46 是指定 V 存储区首地址为 VB524 时的界面，向导会自动计算地址的范围。

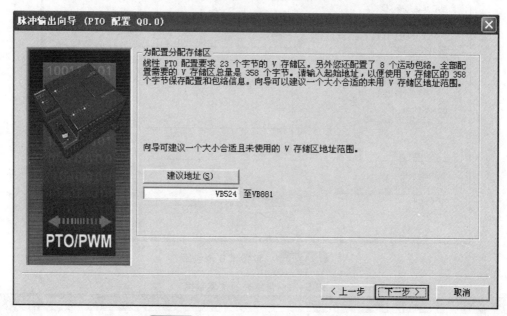

图 5-46 为运动包络指定 V 存储区地址

5）单击"下一步"出现图 5-47，单击"完成"。

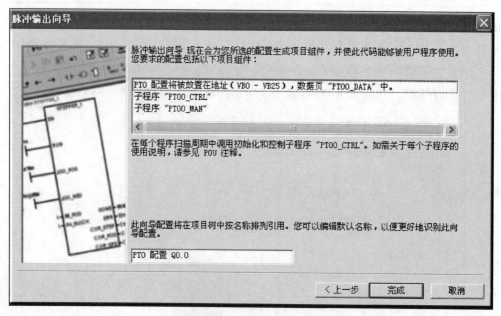

图 5-47 生成项目组件提示

6）使用位控向导生成项目组件。运动包络组态完成后，向导会为所选的配置生成四个项目组件（子程序），分别是：PTO0_CTRL 子程序（控制）、PTO0_RUN 子程序（运行包络）、

PTO0_LDPOS 和 PTO0_MAN 子程序（手动模式）子程序。一个由向导产生的子程序就可以在程序中调用如图 5-48 所示。

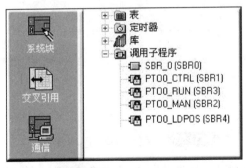

图 5-48　四个项目组件

它们的功能分述如下。

① PTO0_CTRL 子程序。启用和初始化 PTO 输出。在用户程序中只使用一次，并且应确定在每次扫描时得到执行，即始终使用 SM0.0 作为 EN 的输入，如图 5-49 所示。

图 5-49　运行 PTO0_CTRL 子程序

输入参数：

■ I_STOP（立即停止）输入（BOOL 型）。当此输入为 OFF 时，PTO 功能正常工作；当此输入变为 ON 时，PTO 立即终止脉冲的发生。

■ D_STOP（减速停止）输入（BOOL 型）。当此输入为 OFF 时，PTO 功能会正常工作；当此输入变为 ON 时，PTO 会产生将电动机减速至停止的脉冲串。

输出参数：

■ Done（完成）输出（BOOL 型）。当"完成"位被置为 ON 时，表明上一个指令也执行。

■ Error（错误）参数（BYTE 型）。包含本子程序的结果。当"完成"位为 ON 时，错误字节报告无错误或有错误代码的正常完成。

■ C_Pos 参数（DWORD 型）。如果 PTO 向导的 HSC 计数器功能已启用，此参数包含以脉冲数表示的模块当前位置。否则，当前位置将一直为 0。

② PTO0_RUN 子程序（运行包络）。命令 PLC 执行存储于配置/包络表的指定包络运动操作。运行这一子程序的梯形图如图 5-50 所示。

输入参数：

■ EN 位。子程序的使能位。在"完成"（Done）位发出子程序执行已经完成的信号前，应使 EN 位保持开启。

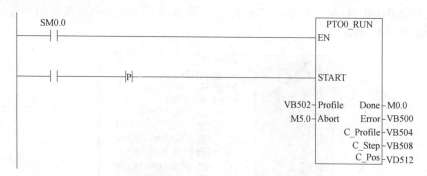

图 5-50　运行 PTO0_RUN 子程序

■ START 参数（BOOL 型）。包络执行的启动信号。对于在 START 参数已开启，且 PTO 当前不活动时的每次扫描，此子程序会激活 PTO。为了确保仅发送一个命令，一般用上升沿以脉冲方式开启 START 参数。

■ Abort（终止）命令（BOOL 型）。命令为 ON 时位控模块停止当前包络，并减速至电动机停止。

■ Profile（包络）（BYTE 型）。输入为此运动包络指定的编号或符号名。

输出参数：

■ Done（完成）输出（BOOL 型）。本子程序执行完成时，输出 ON。

■ Error（错误）参数（BYTE 型）。输出本子程序执行结果的错误信息，无错误时输出 0。

■ C_Profile 参数（BYTE 型）。输出位控模块当前执行的包络。

■ C_Step 参数（BYTE 型）。输出目前正在执行的包络步骤。

■ C_Pos 参数（DINT 型）。如果 PTO 向导的 HSC 计数器功能已启用，则此参数包含以脉冲数作为模块的当前位置。否则，当前位置将一直为 0。

③ PTO0_LDPOS 指令（装载位置）。改变 PTO 脉冲计数器的当前位置值为一个新值。可用该指令为任何一个运动命令建立一个新的零位置。图 5-51 是一个使用 PTO0_LDPOS 指令实现返回原点完成后清零功能的梯形图。

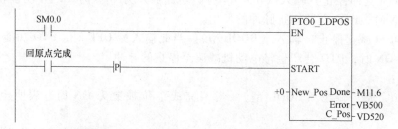

图 5-51　用 PTO0_LDPOS 指令实现返回原点后清零

输入参数：

■ EN 位。子程序的使能位。在"完成"（Done）位发出子程序执行已经完成的信号前，应使 EN 位保持开启。

■ START 参数（BOOL 型）。装载启动。接通此参数，以装载一个新的位置值到 PTO 脉冲计数器。在每一循环周期，只要 START 参数接通且 PTO 当前不忙，该指令装载一个新的位置给 PTO 脉冲计数器。若要保证该命令只发一次，使用边沿检测指令以脉冲触发 START 参数接通。

■ New_Pos 参数 （DINT 型）。输入一个新的值替代 C_Pos 报告的当前位置值。位置值用脉冲数表示。

输出参数：

■ Done（完成）输出（BOOL 型）。模块完成该指令时，参数 Done 输出 ON。

■ Error（错误）参数（BYTE 型）。输出本子程序执行结果的错误信息，无错误时输出 0。

■ C_Pos 参数（DINT 型）。此参数包含以脉冲数作为模块的当前位置。

④ PTOx_MAN 子程序（手动模式）。将 PTO 输出置于手动模式。执行这一子程序允许电动机起动、停止和按不同的速度运行。但当 PTO0_MAN 子程序已启用时，除 PTOX-CTRL 外任何其他 PTO 子程序都无法执行。运行这一子程序的梯形图如图 5-52 所示。

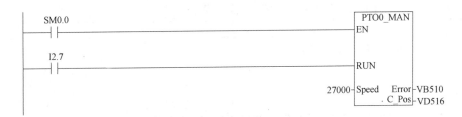

图 5-52　运行 PTO0_MAN 子程序

输入参数：

■ RUN（运行/停止）参数。命令 PTO 加速至指定速度（Speed（速度）参数），从而允许在电动机运行中更改 Speed 参数的数值。停用 RUN 参数命令 PTO 减速至电动机停止。

■ 当 RUN 已启用时，Speed 参数确定着速度。速度是一个用每秒脉冲数计算的 DINT（双整数）值。可以在电动机运行中更改此参数。

输出参数：

■ Error（错误）参数。输出本子程序执行结果的错误信息，无错误时输出 0。

如果 PTO 向导的 HSC 计数器功能已启用，C_Pos 参数包含用脉冲数目表示的模块；否则此数值始终为零。

由上述四个子程序的梯形图可以看出，为了调用这些子程序。编程时应预置一个数据存储区，用于存储子程序执行时间参数，存储区所存储的信息可根据程序的需要调用。

5.3　项　目　准　备

在实施项目前，应按照材料清单（见表 5-20）逐一检查输送单元的所需材料是否齐全，并填好各种材料的数量、规格、是否损坏等情况。

表 5-20　输送单元材料清单

材 料 名 称	规 格	数 量	是 否 损 坏
回转气缸			
手爪伸出加紧气缸			
提升气缸			
电磁阀			
直线运动机构			
伺服电动机			

（续）

材　料　名　称	规　　格	数　　量	是否损坏
伺服放大器			
远点接近开关			
左、右极限开关			
同步轮			
同步带			
滑动溜板			
电磁阀组			
磁性开关			
按钮指示灯模块盒			
PLC			
MCGS 触摸屏			
万用表			
内六角扳手			
木锤			
呆扳手			
小一字螺钉旋具			
小十字螺钉旋具			

5.4　项目实施

学习了前面的知识后，应对输送单元已有了全面的了解，为了有计划地完成本次项目，我们要先做好任务分工和实施计划表。

1. 任务分工

四人一组，每名成员要有明确分工，角色安排及负责任务如下。

程序设计员：小组的组长，负责整个项目的统筹安排并设计调试程序。

机械安装工：负责输送单元的机械、传感器、气路的安装及调试。

电气接线工：负责输送单元的电气接线。

资料整理员：负责整个实施过程的资料准备整理工作。

2. 实施计划

输送单元项目实施计划表见表 5-21。

表 5-21　输送单元项目实施计划

实施步骤	实施内容	计划完成时间	实际完成时间	备注
1	根据控制要求准备材料			
2	安装机械部分、传感器、电磁阀			
3	气动回路设计、安装、调试			
4	电气线路设计及连接			
5	程序编译及调试			
6	文件整理			
7	总结评价			

5.4.1　输送单元的机械组装

1. 输送单元的组成

输送单元主要由抓取机械手装置、直线运动传动组件（包括驱动伺服电动机、驱动器、同步轮、同步带等）、拖链装置、PLC 模块和接线端口以及按钮/指示灯模块等部件组成。

（1）抓取机械手装置　抓取机械手装置是一个能实现三自由度运动（即升降、伸缩、气动手指夹紧/松开和沿垂直轴旋转的四维运动）的工作单元，该装置整体安装在直线运动传动组件的滑动溜板上，在传动组件带动下整体做直线往复运动，定位到其他各工作单元的物料台，然后完成抓取和放下工件的功能，如图5-53所示。

1）气动手爪：用于在各个工作站物料台上抓取/放下工件，由一个二位五通双向电控阀控制。

2）伸缩气缸：用于驱动手臂伸出与缩回，由一个二位五通单向电控阀控制。

3）回转气缸：用于驱动手臂正反向90°旋转，由一个二位五通单向电控阀控制。

4）提升气缸：用于驱动整个机械手提升与下降，由一个二位五通单向电控阀控制。

（2）直线运动传动组件　直线运动传动组件用以拖动抓取机械手装置作往复直线运动，完成精确定位的功能。图5-54是直线运动传动组件的俯视图，图5-55是伺服电动机传动和机械手装置。

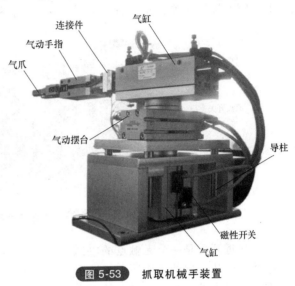

图 5-53　抓取机械手装置

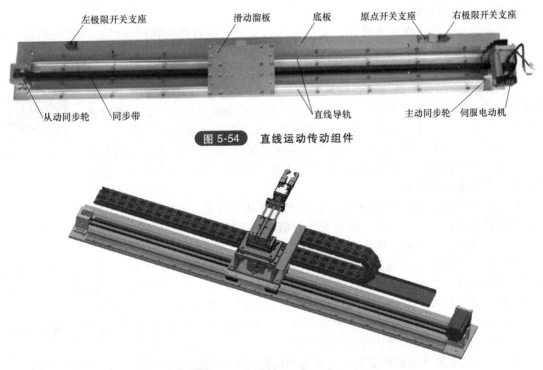

图 5-54　直线运动传动组件

图 5-55　伺服电动机传动和机械手装置

传动组件由直线导轨底板、伺服电动机及伺服放大器、同步轮、同步带、直线导轨、滑动溜板、拖链、原点接近开关和左、右极限开关组成。伺服电动机由伺服电动机放大器驱动，通过同步轮和同步带带动滑动溜板沿直线导轨做往复直线运动，从而带动固定在滑动溜板上的抓取机械手装置做往复直线运动。同步轮齿距为5mm，共12个齿即旋转一周搬运机械手位移60mm。

抓取机械手装置上所有气管和导线沿拖链敷设，进入线槽后分别连接到电磁阀组和接线端口上。原点接近开关和左、右极限开关安装在直线导轨底板上，如图5-56所示。

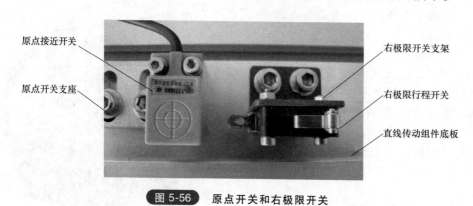

原点接近开关

原点开关支座

右极限开关支架

右极限行程开关

直线传动组件底板

图 5-56　原点开关和右极限开关

原点接近开关是一个无触点的电感式接近传感器，用来提供直线运动的起始点信号。关于电感式接近传感器的工作原理及选用、安装注意事项请参阅项目1。

左、右极限开关均是有触点的微动开关，用来提供越程故障时的保护信号：当滑动溜板在运动中越过左或右极限位置时，极限开关会动作，从而向系统发出越程故障信号。

2. 输送单元的安装

为了提高安装的速度和准确性，对本单元的安装同样遵循先构成组件，再进行总装的原则。具体的安装步骤如下。

（1）组装直线运动组件的安装（见图5-57）

1）在底板上装配直线导轨。直线导轨是精密机械运动部件，其安装、调整都要遵循一定的方法和步骤，而且该单元中使用的导轨长度较长，要快速准确地调整好两导轨的相互位置，使其运动平稳、受力均匀、运动噪声小。

输送单元安装

2）装配大溜板、四个滑块组件。将大溜板与两直线导轨上的四个滑块的位置找正并进行固定，在拧紧固定螺栓时，应一边推动大溜板左右运动一边拧紧螺栓，直到滑动顺畅为止。

3）连接同步带。将连接了四个滑块的大溜板从导轨的一端取出。由于用于滚动的钢球嵌在滑块的橡胶套内，一定要避免橡胶套受到破坏或用力太大致使钢球掉落。将两个同步带固定座安装在大溜板的反面，用于固定同步带的两端。

接下来分别将调整端同步轮安装支架组件、电动机侧同步轮安装支架组件上的同步轮，套入同步带的两端，在此过程中应注意电动机侧同步轮安装支架组件的安装方向、两组件的相对位置，并将同步带两端分别固定在各自的同步带固定座内，同时也要注意保持连接安装好后的同步带平顺一致。完成以上安装任务后，再将滑块套在柱形导轨上，套入时，一定不能损坏滑块内的滑动滚珠以及滚珠的保持架。

4）同步轮安装支架组件装配。先将电动机侧同步轮安装支架组件用螺栓固定在导轨安装底板上，再将调整端同步轮安装支架组件与底板连接，然后调整好同步带的张紧度，锁紧螺栓。

5）伺服电动机安装：将电动机安装板固定在电动机侧同步轮支架组件的相应位置，将电动机与电动机安装活动连接，并在主动轴、电动机轴上分别套接同步轮，安装好同步带，调整电动机位置，锁紧联接螺栓。最后安装左右限位以及原点传感器支架。

注意：在以上各构成零件中，轴承以及轴承座均为精密机械零部件，拆卸以及组装需要较熟练的技能和专用工具，因此，不可轻易对其进行拆卸或修配工作。图 5-58 所示为完成装配的直线运动组件。

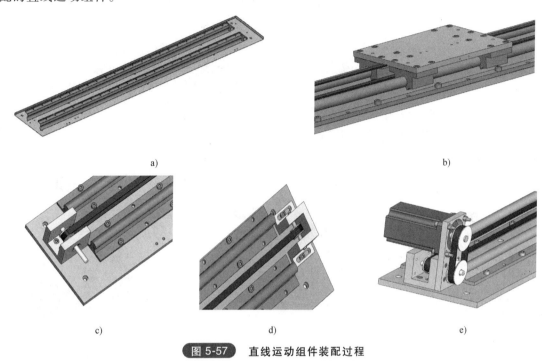

a)　　　　　　　　　　　　　　　　　　　　　b)

c)　　　　　　　　d)　　　　　　　　e)

图 5-57　直线运动组件装配过程

a）在底板上安装两条直线导轨　b）装配滑块和大溜板　c）固定同步带固定座　d）固定同步轮安装座　e）安装电动机

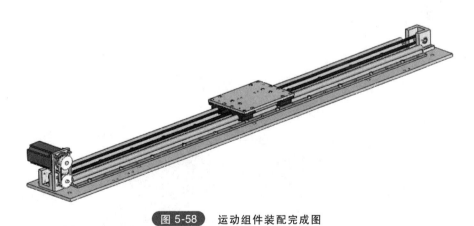

图 5-58　运动组件装配完成图

（2）机械手装置的装配

1）提升机构的组装如图 5-59 所示。

2）把气动摆台固定在组装好的提升机构上，然后在气动摆台上固定导杆气缸安装板。安装时注意要先找好导杆气缸安装板与气动摆台连接的原始位置，以便有足够的回转角度。

3）连接气动手指和导杆气缸，然后把导杆气缸固定到导杆气缸安装板上，完成抓取机械手装置的装配。

图 5-59　提升机构的组装

a）机械手支撑板　b）提升机构　c）提升气缸

（3）抓取机械手装置的组装　将抓取机械手装置固定到直线运动组件的大溜板，如图 5-60所示。最后，检查摆台上的导杆气缸、气动手指组件的回转位置是否满足在其余各工作站上抓取和放下工件的要求，进行适当的调整。

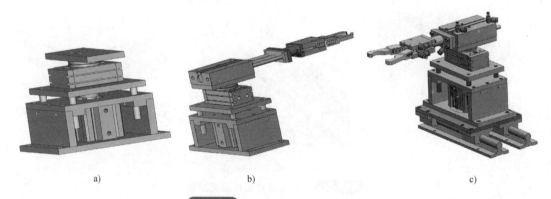

图 5-60　抓取机械手装置的组装

a）旋转机构　b）机械手　c）抓取机械手完成图

（4）最后组装　把机械手搬运部分和输送部分组装在一起，如图 5-61 所示。

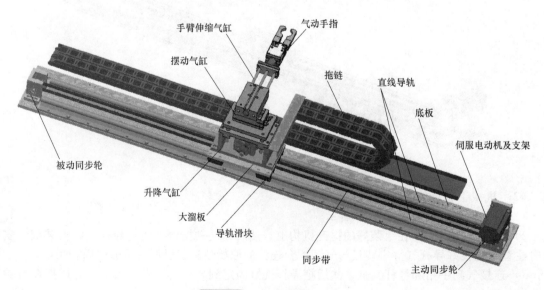

图 5-61　组装后的整体效果图

输送单元机械安装工作单见表5-22。

输送单元拆装

表 5-22 输送单元机械安装工作单

安装步骤	计划时间	实际时间	工具	是否返工,返工原因及解决方法
直线导轨的安装				
抓取机械手的安装				
伺服电动机的安装				
传感器的安装				
电磁阀的安装				
整体安装				
调试过程	传送带转动是否正常: 是 否 原因及解决方法: 气缸推出是否顺利: 是 否 原因及解决方法: 气路是否能正常换向: 是 否 原因及解决方法: 其他故障及解决方法:			

5.4.2 输送单元的气路连接及调试

输送单元抓取机械手装置上所有气缸连接的气管应沿拖链敷设,而且要插接到电磁阀组上。其气动控制回路的工作原理如图5-62所示。

在气动控制回路中,驱动摆动气缸和气动手指气缸的电磁阀采用的是二位五通双电控电磁阀,电磁阀的外形如图5-63所示。

双电控电磁阀与单电控电磁阀的区别在于,对于单电控电磁阀,在无电控信号时,阀芯在弹簧力的作用下会被复位;而对于双电控电磁阀,在两端都无电控信号时,阀芯的位置是取决于前一个电控信号。

注意:双电控电磁阀的两个电控信号不能同时为"1",即在控制过程中不允许两个线圈同时得电,否则,可能会造成电磁线圈烧毁,当然,在这种情况下阀芯的位置是不确定的。

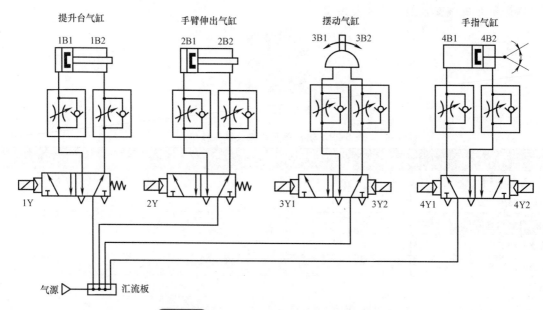

图 5-62 输送单元气动控制回路的工作原理

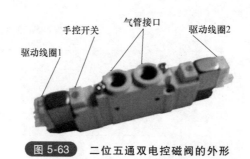

图 5-63 二位五通双电控磁阀的外形

输送单元气路连接工作单见表 5-23。

表 5-23　输送单元气路连接工作单

调试内容	是	否	不正确原因
气路连接是否无漏气现象			
提升台气缸伸出是否顺畅			
手臂伸出气缸回是否顺畅			
摆动气缸伸出是否顺畅			
手指气缸伸出是否顺畅			
备注			

5.4.3　输送单元的电气接线及调试

1. PLC 的选型和 I/O 接线

输送单元所需的 I/O 点较多。其中，输入信号包括来自按钮/指示灯模块的按钮、开关等主令信号，以及各构件的传感器信号等；输出信号包括输出到抓取机械手装置各电磁阀的控制信号和输出到伺服电动机驱动器的脉冲信号和驱动方向信号；此外尚需考虑在需要时输出信号到按钮/指示灯模块的指示灯，以显示本单元或系统的工作状态。

由于需要输出驱动伺服电动机的高速脉冲，PLC 应采用晶体管输出型。基于上述考虑，选用西门子 S7—226 DC/DC/DC 型 PLC，它共有 24 点输入，16 点晶体管输出。表 5-24 给出了 PLC 的 I/O 分配，I/O 接线原理如图 5-64 所示。

表 5-24　输送单元 PLC 的 I/O 分配

输入信号				输出信号			
序号	PLC 输入点	信号名称	信号来源	序号	PLC 输出点	信号名称	信号来源
1	I0.0	原点传感器检测	装置侧	1	Q0.0	脉冲	装置侧
2	I0.1	右限位保护		2	Q0.1	方向	
3	I0.2	左限位保护		3	Q0.2		
4	I0.3	机械手抬升下限检测	装置侧	4	Q0.3	提升台上升电磁阀	
5	I0.4	机械手抬升上限检测		5	Q0.4	回转气缸左旋电磁阀	
6	I0.5	机械手旋转左限检测		6	Q0.5	回转气缸右旋电磁阀	
7	I0.6	机械手旋转右限检测		7	Q0.6	手臂伸出电磁阀	
8	I0.7	机械手伸出检测	装置侧	8	Q0.7	手爪夹紧电磁阀	
9	I1.0	机械手缩回检测		9	Q1.0	手爪放松电磁阀	
10	I1.1	机械手夹紧检测		10	Q1.1		
11	I1.2	伺服报警		11	Q1.2		
12	I1.3			12	Q1.3		
13	I1.4			13	Q1.4		
14	I1.5			14	Q1.5	报警指示	按钮/指示灯模块
15	I1.6			15	Q1.6	运行指示	
16	I1.7			16	Q1.7	停止指示	
17	I2.0						
18	I2.1						
19	I2.2						
20	I2.3						
21	I2.4	起动按钮	按钮/指示灯模块				
22	I2.5	复位按钮					
23	I2.6	急停按钮					
24	I2.7	方式选择					

图 5-64 中，左右两极限开关 LK2 和 LK1 的动合触点分别连接到 PLC 输入点 I0.2 和 I0.1。必须注意的是，LK2、LK1 均提供一对转换触点，它们的静触点应连接到公共点 COM 上，而动断触点必须连接到伺服驱动器的控制端口 CNX5 的 CCWL（9 脚）和 CWL（8 脚）作为硬联锁保护。它的目的是防范由于程序错误引起冲极限故障而造成设备损坏。接线时要加以注意。

晶体管输出的 S7—200 系列 PLC，供电电源采用 DC 24V 的直流电源，与前面各工作单元的继电器输出的 PLC 不同。接线时也要予以注意，千万不要把 AC 220V 电源连接到其电源输入端。

2. 伺服电动机参数设置

完成系统的电气接线后，尚须对伺服电动机驱动器进行参数设置，见表 5-25。

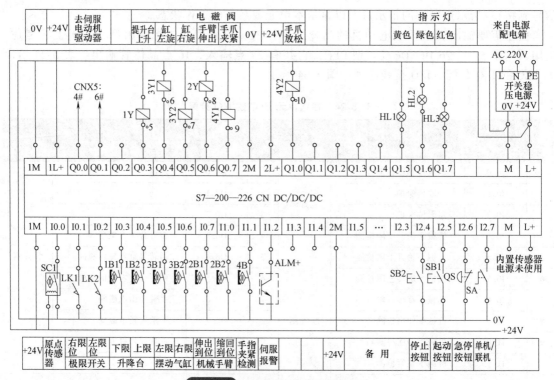

图 5-64　输送单元 PLC 接线原理

表 5-25　伺服驱动器参数设置

序号	参　数		设置数值	功能和含义
	参数编号	参数名称		
1	Pr4	行程限位禁止输入无效设置	2	当左或右限位动作,则会发生 Err38 行程限位禁止输入信号出错报警。设置此参数值时必须在控制电源断电重启之后才能修改、写入成功
4	Pr20	惯量比	1678	该值可通过自动调整得到,请参 AC 伺服电动机驱动器使用说明书
5	Pr21	实时自动增益设置	1	实时自动调整为标准模式,运行时负载惯量的变化情况很小
6	Pr22	实时自动增益的机械刚性选择	1	此参数值设得很大,响应越快
7	Pr41	指令脉冲旋转方向设置	1	指令脉冲+指令方向。设置此参数值时必须在控制电源断电重启之后才能修改、写入成功
8	Pr42	指令脉冲输入方式	3	
9	Pr4B	指令脉冲分倍频分母	6000	如果 Pr48 或 Pr49 = 0,Pr4B 即可设为电动机每转一圈所需的指令脉冲数

3. 输送单元的电路连接注意事项

1) 控制输送站生产过程的 PLC 装置安装在工作台两侧的抽屉板上。PLC 侧接线端口的接线端子采用两层端子结构,上层端子用以连接各信号线,其端子号与装置侧接线端口的接线端子相对应。底层端子用以连接 DC 24V 电源的+24V 端和 0V 端。

2) 输送站侧接线端口的接线端子采用三层端子结构,上层端子用以连接 DC 24V 电源的+24V 端,底层端子用以连接 DC 24V 电源的 0V 端,中间层端子用以连接各信号线。

3）输送站侧接线端口和 PLC 侧接线端口之间通过专用电缆连接。其中 25 针接头电缆连接 PLC 的输入信号，15 针接头电缆连接 PLC 的输出信号。

4）输送站工作的 DC 24V 直流电源，是通过专用电缆由 PLC 侧的接线端子提供，经接线端子排引到输送站上。接线时应注意，装配站侧接线端口中，输入信号端子的上层端子（+24V）只能作为传感器的正电源端，切勿用于电磁阀等执行元件的负载。电磁阀等执行元件的正电源端和 0V 端应连接到输出信号端子下层端子的相应端子上。每一端子连接的导线不超过两根。

5）按照输送站 PLC 的 I/O 接线原理图和规定的 I/O 地址接线。为接线方便，一般应该先接下层端子，后接上层端子。要仔细辨明原理图中的端子功能标注。要注意气缸磁性开关棕色和蓝色的两根线，原点开关是电感式接近传感器的棕色、黑色、蓝色三根线，作为限位开关的微动开关的棕色、蓝色两根线的极性不能接反。

6）导线线端应该处理干净，无线芯外露，裸露铜线不得超过 2mm。一般应该做冷压插针处理。线端应该套规定的线号。

7）导线在端子上的压接，以用手稍用力外拉不动为宜。

8）导线走向应该平顺有序，不得重叠挤压折曲，顺序凌乱。线路应该用黑色尼龙扎带进行绑扎，以不使导线外皮变形为宜。装置侧接线完成后，应用扎带绑扎，力求整齐美观。

9）输送站的按钮/指示灯模块，按照端子接口的规定连接。

10）输送站拖链中的气路管线和电气线路要分开敷设，长度要略长于拖链，管线在拖链中不能相互交叉、打折、纠结，要有序排布，并用尼龙扎带绑扎。

11）进行松下 MINAS A4 系列伺服电动机驱动器接线时，驱动器上的 L1 和 L2 要与 AC 220V 电源相连接；U，V，W，D 端与伺服电动机电源端连接。接地端一定要可靠连接保护地线。伺服驱动器的信号输出端要和伺服电动机的信号输入端连接。注意伺服驱动器使能信号线的连接。

12）参照松下 MINAS A4 系列伺服驱动器的说明书，对伺服驱动器的相应参数进行设置，如位置环工作模式、加减速时间等。

13）TPC7062K 人机界面（触摸屏）可以通过 SIEMENS S7—200 系列 PLC（包含 CPU221/CPU222/CPU224/CPU226 等型号）CPU 单元上的编程通讯口（PPI 端口）与 PLC 连接，其中 CPU226 有两个通讯端口，都可以用来连接触摸屏，但需要分别设定通讯参数。通过直接连接时需要注意软件中通讯参数的设定。

14）根据控制任务书的要求制作触摸屏的组态控制画面，并进行联机调试。

4. 气路连接和电气配线敷设

当抓取机械手装置进行往复运动时，连接到机械手装置上的气管和电气连接线也随之运动。因此，一定要确保这些气管和电气连接线运动顺畅，不要使其在移动过程拉伤或脱落。

连接到机械手装置上的管线首先要绑扎在拖链安装支架上，然后再沿拖链敷设并进入管线线槽中。绑扎管线时要注意管线引出端到绑扎处应保持足够长度，以免机构运动时被拉紧造成脱落。沿拖链敷设时注意管线间不要相互交叉，如图 5-65 所示。输送单元电气线路安装

电磁阀组　末端同步轮及固定架　拖链　直线导轨　同步带　抓取机械手装置　步进电动机及同步轮机构

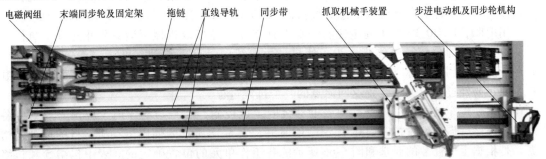

图 5-65　装配完成的输送单元装配侧

及调试工作单见表 5-26。

输送单元气路安装与调试

表 5-26　输送单元电气线路安装及调试工作单

调 试 内 容	正确	错误	原　　因
原点传感器检测信号			
左限位保护信号			
右限位保护信号			
提升台上限检测信号			
提升台下限检测信号			
摆动气缸左限检测			
摆动气缸右限检测			
手臂伸出检测信号			
手臂缩回检测信号			
手指夹紧检测信号			
伺服报警检测			

5.4.4　输送单元的程序设计及调试

1. 主程序编写思路

本节只介绍使用指令向导实现脉冲输出及位置控制；脉冲输出 MAP 库文件的应用在项目 1 中已有介绍，读者也可以选用 MAP 库文件的编程方法实现机械手的位置控制。

从前面所述的传送工件功能测试任务可以看出，整个功能测试过程应包括上电后复位、传送功能测试、紧急停止处理和状态指示等部分。其中传送功能测试是一个步进顺序控制过程，在子程序中可采用步进指令驱动实现。

对于紧急停止处理过程，也要编写一个子程序进行单独处理。这是因为，当抓取机械手装置正在向某一目标点移动时按下急停按钮，PTO0_CTRL 子程序的 D_STOP 输入端变成高位，停止启用 PTO，PTO0_RUN 子程序使能位 OFF 而终止，使抓取机械手装置停止运动。急停复位后，原来运行的包络已经终止，为了使机械手继续向目标点移动，可让它首先返回原点，然后运行从原点到原目标点的包络。这样当急停复位后，程序不能马上回到原来的顺序控制过程，而是要经过使机械手装置返回原点的一个过渡过程。

输送单元程序控制的关键点是伺服电动机的定位控制，在编写程序时，应预先规划好各段的包络，然后借助位置控制向导组态 PTO 输出。表 5-27 所示的伺服电动机运行的运动包络数据，是根据工作任务的要求和图 5-66 所示的各工作单元的位置确定的。表中包络 5 和包络 6 用于急停复位，经急停处理返回原点后重新运行的运动包络。

表 5-27　伺服电动机运行的运动包络

运动包络	站　　点		脉冲量	移动方向
0	低速回零		单速返回	DIR
1	供料站→加工站	430mm	43000	
2	加工站→装配站	350mm	35000	
3	装配站→分拣站	260mm	26000	
4	分拣站→高速回零前	900mm	90000	DIR
5	供料站→装配站	780mm	78000	
6	供料站→分拣站	1040mm	104000	

　　前面已经指出，当运动包络编写完成后，位置控制向导会要求为运动包络指定 V 存储区地址，为了与后面项目 6 "YL—335B 的整体控制"的工作任务相适应，V 存储区地址的起始地址指定为 VB524。

　　综上所述，主程序应包括上电初始化、复位过程（子程序）、准备就绪后投入运行等阶段。主程序梯形图如图 5-66 所示。

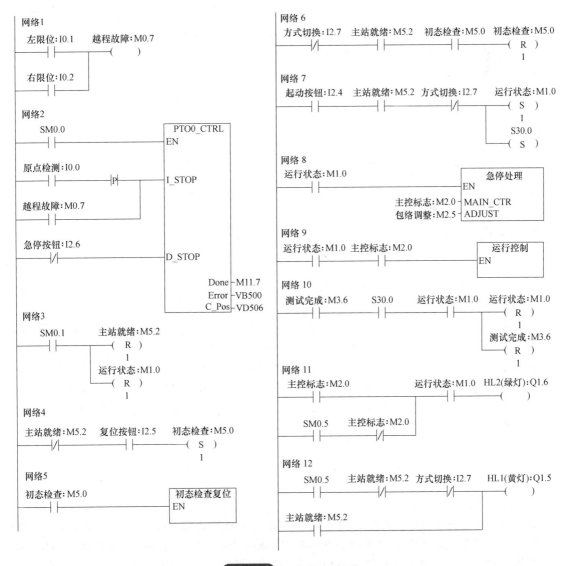

图 5-66　主程序梯形图

131

2. 初态检查复位子程序和回原点子程序

系统上电且按下复位按钮后，就开始调用初态检查复位子程序，并进入初始状态检查和复位操作阶段，目标是确定系统是否准备就绪，若未准备就绪，则系统不能启动进入运行状态。输送单元初态调试工作单和伺服参数的设置见表 5-28 和表 5-29。

表 5-28 输送单元初态调试工作单

	调 试 内 容	是	否	原　　因
1	机械手返回原点状态			
2	提升台气缸是否处于缩回状态			
3	手臂气缸是否处于缩回状态			
4	手指气缸是否处于松开状态			
5	HL1 指示灯状态是否正常			
6	HL2 指示灯状态是否正常			

表 5-29 输送单元伺服参数的设置

设 置 内 容	出厂值	设置值	原　　因
LED 初始状态			
控制模式			
驱动禁止输入设定			
惯量比			
实时自动增益设置			
实时自动增益的机械刚性选择			
指令脉冲旋转方向设置			
指令脉冲输入方式			
电动机每旋转一转的脉冲数			

该子程序的内容是检查各气动执行元件是否处于初始位置，抓取机械手装置是否在原点位置。若没有则进行相应的复位操作，直至准备就绪。子程序中，除调用回原点子程序外，主要是完成简单的逻辑运算，这里就不再详述了。

抓取机械手装置返回原点的操作，在输送单元的整个工作过程中，都会频繁地进行。因此编写一个子程序供需要时调用是很有必要的。回原点子程序是一个带形式参数的子程序，在其局部变量表中定义了一个 BOOL 输入参数 START，当使能输入（EN）和 START 输入为 ON 时，启动子程序调用，如图 5-67a 所示。子程序梯形图如图 5-67b 所示，当 START（即局部变量 L0.0）ON 时，置位 PLC 的方向控制输出 Q0.0，并且这一操作放在 PTO0_RUN 指令之后，这就确保了方向控制输出的下一个扫描周期才开始脉冲输出。

带形式参数的子程序是西门子系列 PLC 的优异功能之一，输送单元程序中多个子程序均使用了这种编程方法。关于带参数调用子程序的详细介绍，可参阅 S7—200 可编程序控制器系统手册。

3. 急停处理子程序

当系统进入运行状态后，在每一扫描周期都要调用急停处理子程序。该子程序也带有形式参数，在其局部变量表中定义了两个 BOOL 型的输入/输出参数 ADJUST 和 MAIN_CTR。其中，参数 MAIN_CTR 传递给全局变量主控标志 M2.0，并由 M2.0 维持当前状态，此变量的状

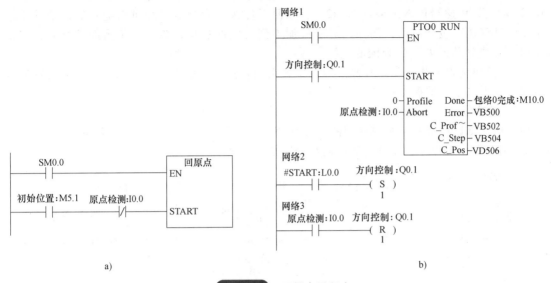

图 5-67 回原点子程序

a) 回原点子程序的调用　b) 回原点子程序梯形图

态决定了系统在运行状态下能否执行正常的传送功能测试过程。参数 ADJUST 传递给全局变量包络调整标志 M2.5，并由 M2.5 维持当前状态，此变量的状态决定了系统在移动机械手的工序中是否需要调整运动包络号。

急停处理子程序梯形图如图 5-68 所示，说明如下：

1）当急停按钮被按下时，MAIN_CTR 置 0，M2.0 置 0，传送功能测试过程停止。

2）若急停前抓取机械手正在前进中（从供料往加工，或从加工往装配，或从装配往分

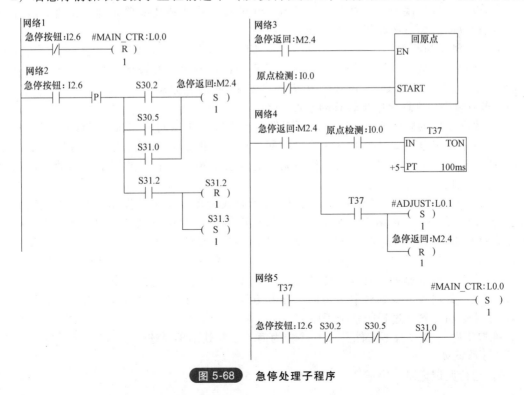

图 5-68 急停处理子程序

拣），则当急停复位的上升沿到来时，需要起动使机械手低速回原点过程。到达原点后，置位 ADJUST 输出，传递给包络调整标志 M2.5，以便在传送功能测试过程重新运行后，给处于前进工步的过程调整包络使用，例如，对于从加工到装配的过程，急停复位重新运行后，将执行从原点（供料单元处）到装配的包络。

3）若急停前抓取机械手正在高速返回中，则当急停复位的上升沿到来时，使高速返回步复位而转到下一步，即摆台右转和低速返回。

4. 传送功能测试子程序的结构

传送功能测试过程是一个单序列的步进顺序控制过程。在运行状态下，若主控标志 M2.0 为 ON，则调用该子程序。步进顺序控制流程图如图 5-69 所示。

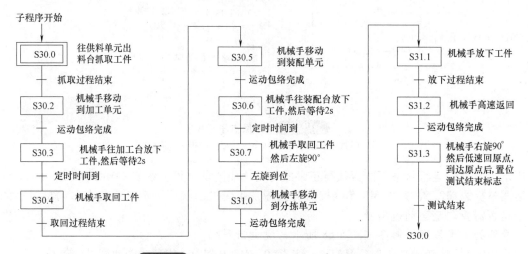

图 5-69 传送功能测试过程的步进控制流程图

下面以从机械手往加工台放下工件开始，到机械手移动到装配单元为止，这 3 步过程为例说明编程思路。梯形图如图 5-70 所示。

1）在机械手执行放下工件的工作步中，调用"放下工件"子程序，在执行抓取工件的工作步中，调用"抓取工件"子程序。这两个子程序都带有 BOOL 输出参数，当抓取或放下工作完成时，输出参数为 ON，传递给相应的"放料完成"标志 M4.1 或"抓取完成"标志 M4.0，作为顺序控制程序中步转移的条件。

机械手在不同的阶段抓取工件或放下工件的动作顺序是相同的。抓取工件的动作顺序为：手臂伸出→手爪夹紧→提升台上升→手臂缩回。放下工件的动作顺序为：手臂伸出→提升台下降→手爪松开→手臂缩回。采用子程序调用的方法来实现抓取和放下工件的动作控制使程序编写得以简化。

2）在 S30.5 步，执行机械手装置从加工单元往装配单元运动的操作，运行的包络有两种情况，正常情况下使用包络 2，急停复位回原点后再运行的情况则使用包络 5，选择依据是"调整包络标志" M2.5 的状态，包络完成后要使 M2.5 复位。这一操作过程中，同样适用于机械手装置从供料单元往加工单元或装配单元往分拣单元运动的情况，只是从供料单元往加工单元时不需要调整包络，但包络过程完成后使 M2.5 复位仍然是必须的。

事实上，其他各工步编程中运用的思路和方法，基本上与上述三步类似。按此，读者不难编写出传送功能测试过程的整个程序。

"抓取工件"和"放下工件"子程序较为简单，此处不再详述。

5. 数据记录

做好运行调试记录，完成调试工作单，见表 5-30。

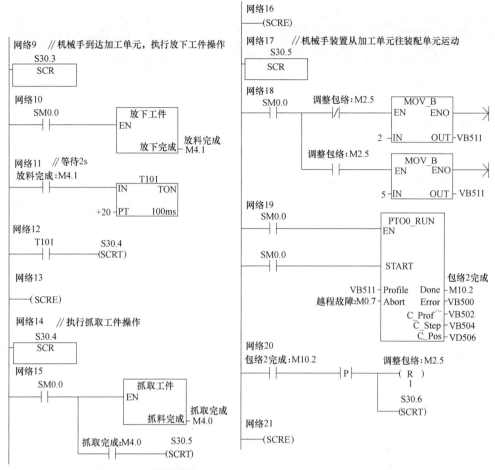

图 5-70　从加工站向装配站的梯形图

表 5-30　输送单元运行状态调试工作单

起动按钮按下后					
	调 试 内 容		是	否	原　因
1	HL1 指示灯是否点亮				
2	HL2 指示灯是否常亮				
3	设备回零	机械手机构是否回零			
		直线运动机构是否回零			
4	供料站有料时	机械手是否正常抓取工件			
		直线机构是否运动			
5	加工站有料时	机械手是否正常抓取工件			
		直线机构是否运动			
6	装配站有料时	机械手是否正常抓取工件			
		直线机构是否运动			
7	分拣站无料时	机械手是否正常放下工件			
		直线机构是否运动			
8	供料站,装配站没有工件时,机械手是否继续工作				

（续）

停止按钮按下后					
	调试内容	是	否	原	因
1	HL1 指示灯是否常亮				
2	HL2 指示灯是否熄灭				
3	工作状态是否正常				

5.5 检查评议

通过训练熟悉了输送单元的结构，亲身实践了解气动控制技术、传感器技术、PLC 控制技术的应用，并将它们有机融合在一起，体验了机电一体化控制技术具体应用。输送单元自我评价表和项目考核评定见表 5-31 和表 5-32。

表 5-31 输送单元项目自我评价

评价内容	分值/分	得分/分	需提高部分
机械安装与调试	20		
气路连接与调试	20		
电气安装与调试	25		
程序设计与调试	25		
绑扎工艺及工位整理	10		
不足之处			
优点			

表 5-32 输送单元项目考核评定

项目分类		考核内容	分值	工作要求	评分标准	老师评分
专业能力（90分）	电气接线	1. 正确连接装置侧、PLC 侧的接线端子排	10	1. 装置侧三层接线端子电源、信号连接正确，PLC 侧两层接线端子电源、信号连接正确 2. 传感器供电使用输入端电源，电磁阀等执行机构使用输出端电源 3. 按照 I/O 分配表正确连接分拣站的输入与输出	1. 电源与信号接反，每处扣 2 分 2. 其他每错一处扣 1 分	
		2. 正确接线伺服电动机与伺服驱动器、伺服驱动器的参数设置	10	1. 伺服驱动器与 PLC 接线正确 2. 能够正确设置伺服驱动器的参数	1. 设置参数错误一个扣 2 分 2. 接线每错一处扣 2 分	
		3. 接线、布线规格平整	5	线头处理干净，无导线外漏，接线端子上最多压入两个线头，导线绑扎利落，线槽走线平整	若有违规操作，每处扣 1 分	
	机械安装	1. 正确、合理使用装配工具	5	能够正确使用各装配工具拆装分拣站，不出现多或少螺钉	不会用、错误使用不得分（教师提问、学生操作）多或少一个螺钉扣 1 分	

（续）

项目分类		考核内容	分值	工作要求	评分标准	老师评分
专业能力（90分）	机械安装	2. 正确安装分拣站	10	安装分拣站后不多件、不少件	多件、少件、安装不牢每处扣2分	
		3. 正确安装电动机；联轴器；电动机运行正常	5	电动机、联轴器安装正确；主、从动轴安装正确保证输送站运行平稳	每错一处扣1分	
	程序调试	1. 正确编制梯形图程序及调试	30	梯形图格式正确、各电磁阀控制顺序正确，梯形图整体结构合理，模拟量采集与输出均正确。运行动作正确（根据运行情况可修改和完善）	根据任务要求动作不正确，每处扣1分，模拟量采集、输出不正确扣1分	
		2. 伺服电动机能够正常运行	10	应用PTO指令测试电动机的运行	不会测试不得分	
		3. 运行结果及口试答辩	5	程序运行结果正确，表述清楚，口试答辩准确	对运行结果表述不清楚者扣5分	
职业素质能力（10分）		相互沟通、团结配合能力	5	善于沟通，积极参与，与组长、组员配合默契，不产生冲突	根据自评、互评、教师点评而定	
		清扫场地、整理工位	5	场地清扫干净，工具、桌椅摆放整齐	不合格，不得分	
合计						

5.6　故障及防治

PLC侧故障情况及处理方法与项目1供料站的情况基本相同，不再复述，这里只介绍装置侧的常见故障及处理，见表5-33。

表5-33　输送单元装置侧常见故障及处理

常 见 故 障	处 理 方 法
电缆线接口接触不良	检查插针和插口情况
端子接线错误和接口不良	用万用表检查接口
电磁阀线圈电线接触不良气管插口漏气现象	拆开接口维修重插或维修
调节阀关闭至气缸不动	调整气流量
磁性开关不检测	调整位置或检查电路
传送带不动或打滑	检查电动机轴位置或调整同步轮及传送带
伺服电动机不动	检查伺服驱动器接线及参数设置
机械手转动不到位	调整回转气缸回转角度
机械手下降振动	检查并微调4个光轴平行
参考点接近开关不工作	调整位置或检查电路
伺服驱动器报警AL380	检查左右限位行程开关或检查电路
伺服驱动器报警AL210	检查编码器与伺服驱动器之间插头或电路

5.7　问题与思考

1. 若机械手在运动过程出现旋转不到位，分析可能产生这一现象的原因、检测过程及解决方法。

2. 若伺服起动器在运行过程中产生报警，分析可能产生这一现象的原因、检测过程及解决方法。

3. 调试过程中出现的其他故障及解决方法。

4. 总结检查气动连线、传感器接线、光电编码器接线、变频器接线、变频器快速设定方法、I/O 检测及故障排除方法。

5. 如果在加工过程中出现意外情况如何处理？

6. 思考：如果采用网络控制如何实现？

5.8　技 能 测 试

项目6

柔性自动化生产线全线运行

 学习目标

知识目标

➤ 掌握西门子 PPI 通信方式及通信设置。

➤ 掌握触摸屏界面设计及通信方式。

➤ 掌握 PLC 单机和联机的编程方法和技巧。

能力目标

➤ 能够通过 PPI 通信方式进行 PLC 组网。

➤ 能够实现触摸屏与 PLC 之间的通信。

➤ 能够实现 PLC 之间联网运行。

➤ 能够实现触摸屏控制全线运行。

➤ 能够准确判断并解决调试过程中的各种故障信息。

素养目标

➤ 培养学生的职业核心能力和职业道德意识。

➤ 培养学生团队协作意识和沟通交流能力。

➤ 培养学生热爱本职工作、脚踏实地、勤勤恳恳的敬业精神。

课前导读

6.1 项 目 描 述

自动生产线的工作目标是：将供料单元料仓内的工件送往加工单元的物料台，加工完成后，把加工好的工件送往装配单元的装配台，然后把装配单元料仓内的白色和黑色两种不同颜色的小圆柱零件嵌入到装配台上的工件中，完成装配后的成品送往分拣单元分拣输出。已完成加工和装配的工件如图 6-1 所示。

金属-(白)　　金属-(黑)　　　塑料-(白)　　塑料-(黑)

图 6-1　已完成加工和装配的工件

系统的工作模式可分为单站工作和全线运行模式两种。

从单站工作模式切换到全线运行模式的条件是：各工作站均处于停止状态，各站的按钮/指示灯模块上的工作方式选择开关置于全线运行模式，此时若人机界面中选择开关切换到全线运行模式，系统将进入全线运行状态。

要从全线运行模式切换到单站工作模式，仅限当前工作周期完成后人机界面中选择开关切换到单站运行模式才有效。

在全线运行模式下，各工作站仅通过网络接受来自人机界面的主令信号，除主站急停按钮外，所有本站主令信号无效。

1. 系统的单站运行模式测试

系统在单站运行模式下，各单元工作的主令信号和工作状态显示信号均来自其 PLC 旁边的按钮/指示灯模块；并且，按钮/指示灯模块上的工作方式选择开关 SA 应置于"单站方式"位置。各站的具体控制要求如下。

（1）供料站单站运行工作要求

1）设备上电和气源接通后，若工作单元的两个气缸满足初始位置要求，且料仓内有足够的待加工工件，则"正常工作"指示灯 HL1 常亮，表示设备已准备好；否则，该指示灯以 1Hz 频率闪烁。

2）若设备已准备好，按下起动按钮，工作单元起动，"设备运行"指示灯 HL2 常亮。起动后，若出料台上没有工件，则应把工件推到出料台上。出料台上的工件被人工取出后，若没有停止信号，则进行下一次推出工件操作。

3）若在运行中按下停止按钮，则在完成本工作周期任务后，各工作单元停止工作，HL2 指示灯熄灭。

4）若在运行中料仓内工件不足，则工作单元继续工作，但"正常工作"指示灯 HL1 以 1Hz 的频率闪烁，"设备运行"指示灯 HL2 保持常亮。若料仓内没有工件，则 HL1 指示灯和 HL2 指示灯均以 2Hz 频率闪烁。工作站在完成本周期任务后停止。除非向料仓补充足够的工件，工作站不能再起动。

（2）加工站单站运行工作要求

1）设备上电和气源接通后，若各气缸满足初始位置要求，则"正常工作"指示灯 HL1 常亮，表示设备已准备好。否则，该指示灯以 1Hz 频率闪烁。

2）若设备准备好，按下起动按钮，设备起动，"设备运行"指示灯 HL2 常亮。当待加工工件送到加工台上并被检出后，设备执行将工件夹紧，送往加工区域冲压，完成冲压动作后返回待料位置的工件进入加工工序。如果没有停止信号输入，当再有待加工工件送到加工台上时，加工单元又开始下一周期的工作。

3）在工作过程中，若按下停止按钮，加工单元在完成本周期的动作后停止工作，HL2 指示灯熄灭。

4）当待加工工件被检出而加工过程开始后，如果按下急停按钮，本单元所有机构应立即停止运行，HL2 指示灯以 1Hz 频率闪烁。急停按钮复位后，设备从急停前的断点开始继续运行。

（3）装配站单站运行工作要求

1）设备上电和气源接通后，若各气缸满足初始位置要求，料仓上已经有足够的小圆柱零件；工件装配台上没有待装配工件，则"正常工作"指示灯 HL1 常亮，表示设备已准备好；否则，该指示灯以 1Hz 频率闪烁。

2）若设备已准备好，按下起动按钮，装配单元起动，"设备运行"指示灯 HL2 常亮。如果回转台上的左料盘内没有小圆柱零件，就执行下料操作；如果左料盘内有零件，而右料盘内没有零件，则执行回转台回转操作。

3）如果回转台上的右料盘内有小圆柱零件且装配台上有待装配工件，执行装配机械手抓取小圆柱零件，放入待装配工件中的控制。

4）完成装配任务后，装配机械手应返回初始位置，等待下一次装配。

5）若在运行过程中按下停止按钮，则供料机构应立即停止供料，在装配条件满足的情况下，装配单元在完成本次装配后停止工作。

6）在运行中发生"零件不足"报警时，指示灯 HL3 以 1Hz 的频率闪烁，HL1 和 HL2 灯常亮；在运行中发生"零件没有"报警时，指示灯 HL3 以亮 1s。灭 0.5s 的方式闪烁，HL2 熄灭，HL1 常亮。

（4）分拣站单站运行工作要求

1）初始状态：设备上电和气源接通后，若工作单元的三个气缸满足初始位置要求，则"正常工作"指示灯 HL1 常亮，表示设备准备好；否则，该指示灯以 1Hz 频率闪烁。

2）若设备已准备好，按下起动按钮，系统起动，"设备运行"指示灯 HL2 常亮。当传送带入料口人工放下已装配的工件时，变频器即起动，驱动传动电动机以频率为 30Hz 的速度把工件带往分拣区。

3）如果金属工件上的小圆柱工件为白色，则该工件到达 1 号滑槽中间，传送带停止，工件被推到 1 号槽中；如果塑料工件上的小圆柱工件为白色，则该工件到达 2 号滑槽中间，传送带停止，工件被推到 2 号槽中；如果工件上的小圆柱工件为黑色，则该工件到达 3 号滑槽中间，传送带停止，工件被推到 3 号槽中。工件被推出滑槽后，该工作单元的一个工作周期结束。仅当工件被推出滑槽后，才能再次向传送带下料。

如果在运行期间按下停止按钮，该工作单元在本工作周期结束后停止运行。

（5）输送站单站运行工作要求　输送站单站运行的目标是测试设备传送工件的功能。要求其他各工作单元已经就位，并且在供料单元的出料台上放置了工件。测试过程具体要求如下。

1）输送单元在通电后，按下复位按钮 SB1，执行复位操作，使抓取机械手装置回到原点位置。在复位过程中，"正常工作"指示灯 HL1 以 1Hz 的频率闪烁。

当抓取机械手装置回到原点位置，且输送单元各个气缸满足初始位置的要求，则复位完成，"正常工作"指示灯 HL1 常亮。按下起动按钮 SB2，设备起动，"设备运行"指示灯 HL2 也常亮，开始功能测试过程。

2）抓取机械手装置从供料站出料台抓取工件，抓取的顺序是：手臂伸出→手爪夹紧抓取工件→提升台上升→手臂缩回。

3）抓取动作完成后，伺服电动机驱动机械手装置向加工站移动，移动速度不小于 300mm/s。

4）机械手装置移动到加工站物料台的正前方后，即把工件放到加工站物料台上。抓取机械手装置在加工站放下工件的顺序是：手臂伸出→提升台下降→手爪松开放下工件→手臂缩回。

5）放下工件动作完成 2s 后，抓取机械手装置执行抓取加工站工件的操作。抓取的顺序与供料站抓取工件的顺序相同。

6）抓取动作完成后，伺服电动机驱动机械手装置移动到装配站物料台的正前方，然后把工件放到装配站物料台上。其动作顺序与加工站放下工件的顺序相同。

7）放下工件动作完成 2s 后，抓取机械手装置执行抓取装配站工件的操作。抓取的顺序与供料站抓取工件的顺序相同。

8）机械手手臂缩回后，摆台逆时针旋转 90°，伺服电动机驱动机械手装置从装配站向分拣站运送工件，到达分拣站传送带上方入料口后把工件放下。动作顺序与加工站放下工件的顺序相同。

9）放下工件动作完成后，机械手手臂缩回，然后执行返回原点的操作。伺服电动机驱动机械手装置以 400mm/s 的速度返回，返回 900mm 后，摆台顺时针旋转 90°，然后以 100mm/s 的速度低速返回原点停止。

当抓取机械手装置返回原点后，一个测试周期结束。当供料单元的出料台上放置了工件时，再按一次起动按钮 SB2，开始新一轮的测试。

2．系统正常的全线运行模式测试

全线运行模式下各工作站部件的工作顺序以及对输送站机械手装置运行速度的要求，与单站运行模式一致。全线运行步骤如下。

（1）启动系统　系统在上电、PPI 网络正常后开始工作。触摸人机界面上的复位按钮执行复位操作，在复位过程中，绿色警示灯以 2Hz 的频率闪烁，红色和黄色灯均熄灭。

复位过程包括使输送站机械手装置回到原点位置和检查各工作站是否处于初始状态。各工作站初始状态是指：

1）各工作单元气动执行元件均处于初始位置。

2）供料单元料仓内有足够的待加工工件。

3）装配单元料仓内有足够的小圆柱零件。

4）输送站的紧急停止按钮未按下。

当输送站机械手装置回到原点位置，且各工作站均处于初始状态，则复位完成，绿色警示灯常亮，表示允许启动系统。这时若按下触摸屏人机界面上的起动按钮，系统启动，绿色和黄色警示灯均常亮。

（2）供料站的运行　系统启动后，若供料站出料台上没有工件，则应把工件推到出料台上，并向系统发出出料台上有工件信号。若供料站料仓内没有工件或工件不足，则向系统发出报警或预警信号。出料台上的工件被输送站机械手取出后，若系统仍然需要推出工件进行加工，则进行下一次推出工件操作。

（3）输送站运行 1　当工件推到供料站出料台后，输送站抓取机械手装置应执行抓取供料站工件的操作。动作完成后，伺服电动机驱动机械手装置移动到加工站加工物料台的正前方，把工件放到加工站的加工台上。

（4）加工站运行　加工站加工台的工件被检出后，执行加工过程。当加工好的工件重新送回待料位置时，向系统发出冲压加工完成信号。

（5）输送站运行 2　系统接收到加工完成信号后，输送站抓取机械手装置应执行抓取已加工工件的操作。抓取动作完成后，伺服电动机驱动机械手装置移动到装配站物料台的正前方，然后把工件放到装配站物料台上。

（6）装配站运行　装配站物料台的传感器检测到工件到来后，开始执行装配过程。装配动作完成后，向系统发出装配完成信号。

如果装配站的料仓或料槽内没有小圆柱工件或工件不足，应向系统发出报警或预警信号。

（7）输送站运行 3　系统接收到装配完成信号后，输送站抓取机械手装置应抓取已装配的工件，然后从装配站向分拣站运送工件，到达分拣站传送带上方入料口后把工件放下，然后执行返回原点的操作。

（8）分拣站运行　输送站机械手装置放下工件、缩回到位后，分拣站的变频器即起动，驱动传动电动机以 80% 最高运行频率（由人机界面指定）的速度，把工件带入分拣区进行分拣，工件分拣原则与单站运行相同。当分拣气缸活塞杆推出工件并返回后，应向系统发出分拣完成信号。

（9）系统工作结束　仅当分拣站分拣工作完成，并且输送站机械手装置回到原点，系统的一个工作周期才认为结束。如果在工作周期期间没有触摸过停止按钮，系统在延时 1s 后开始下一周期工作。如果在工作周期期间曾经触摸过停止按钮，系统工作结束，警示灯中黄色灯熄灭，绿色灯仍保持常亮。系统工作结束后若再按下起动按钮，则系统又重新工作。

3. 系统的异常工作状态测试

（1）工件供给状态的信号警示　如果发生来自供料站或装配站的"工件不足够"的预报警信号或"工件没有"的报警信号，则系统动作如下。

1）如果发生"工件不足够"的预报警信号，警示灯中红色灯以 1Hz 的频率闪烁，绿色和黄色灯保持常亮。系统继续工作。

2）如果发生"工件没有"的报警信号，警示灯中红色灯以亮 1s、灭 0.5s 的方式闪烁；黄色灯熄灭，绿色灯保持常亮。

若"工件没有"的报警信号来自供料站，且供料站物料台上已推出工件，系统继续运行，直至完成该工作周期尚未完成的工作。当该工作周期工作结束，系统将停止工作，除非"工件没有"的报警信号消失，系统不能再起动。

若"工件没有"的报警信号来自装配站，且装配站回转台上已落下小圆柱工件，系统继续运行，直至完成该工作周期尚未完成的工作。当该工作周期工作结束，系统将停止工作，除非"工件没有"的报警信号消失，系统不能再起动。

（2）急停与复位　系统工作过程中按下输送站的急停按钮，则输送站立即停车。在急停复位后，应从急停前的断点开始继续运行。但若急停按钮按下时，机械手装置正在向某一目标点移动，则急停复位后输送站机械手装置应首先返回原点位置，然后再向原目标点运动。

6.2　相关知识

本系统的控制方式采用每一工作单元由一台 PLC 承担其控制任务，各 PLC 之间通过 RS485 串行通讯实现互联的分布式控制方式。组建成网络后，系统中每一个工作单元也称为工作站。

PLC 网络的具体通信模式取决于所选厂家的 PLC 类型。YL—335B 的标准配置为：若 PLC 选用 S7—200 系列，通信方式则采用 PPI 协议通信。

PPI 协议是 S7—200 CPU 最基本的通信方式，通过原来自身的端口（PORT0 或 PORT1）就可以实现通信，是 S7—200 默认的通信方式。

PPI 是一种主—从协议通信，主站发送要求到从站器件，从站器件给予响应；从站器件不发出信息，只是等待主站的要求做出响应。如果在用户程序中使能 PPI 主站模式，就可以在主站程序中使用网络读写指令来读写从站信息，而从站程序没有必要使用网络读写指令。

1. 实现 PPI 通信的步骤

下面以 YL—335B 各工作站 PLC 实现 PPI 通信的操作步骤为例，说明使用 PPI 协议实现通信的步骤。

1）对网络上每一台 PLC 设置其系统块中的通信端口参数，对用作 PPI 通信的端口（PORT0 或 PORT1），指定其地址（站号）和波特率。设置后把系统块下载到该 PLC。具体操作如下。

运行个人计算机上的 STEP7 V4.0（SP5）程序，打开设置端口界面，如图 6-2 所示。利用 PPI/RS485 编程电缆单独把输送单元 CPU 系统块里设置端口 0 为 1 号站，波特率为 19.2kbit/s，如图 6-3 所示。同样方法设置供料单元 CPU 端口 0 为 2 号站，波特率为 19.2kbit/s；加工单元 CPU 端口 0 为 3 号站，波特率为 19.2kbit/s；装配单元 CPU 端口 0 为 4 号站，波特率为 19.2kbit/s；最后设置分拣单元 CPU 端口 0 为 5 号站，波特率为 19.2kbit/s。然后分别把系统块下载到相应的 CPU 中。

2）利用网络接头和网络线把各台 PLC 中用作 PPI 通信的端口 0 连接，所使用的网络接头中，2#～5#站用的是标准网络连接器；1#站用的是带编程接口的连接器，该编程口通过 RS—

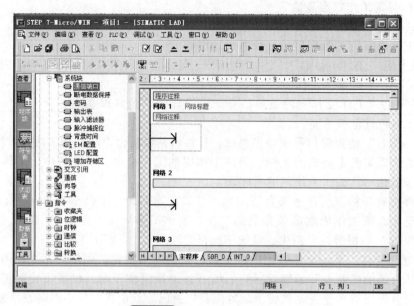

图 6-2　打开设置端口界面

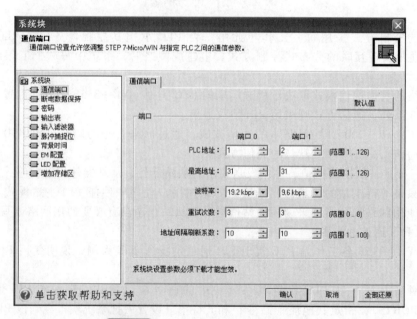

图 6-3　设置输送站 PLC 端口 0 参数

232/PPI 多主站电缆与个人计算机连接。

接下来，利用 STEP7 V4.0 软件和 PPI/RS485 编程电缆搜索出 PPI 网络的 5 个站，如图 6-4 所示。

由图 6-4 可知，5 个站已经完成 PPI 网络连接。

3）PPI 网络中主站（输送站）PLC 程序中，必须在上电第 1 个扫描周期，用特殊存储器 SMB30 指定其主站属性，从而使能其主站模式。SMB30 是 S7—200 PLC PORT—0 自由通信口的控制字节，各位表达的意义见表 6-1。

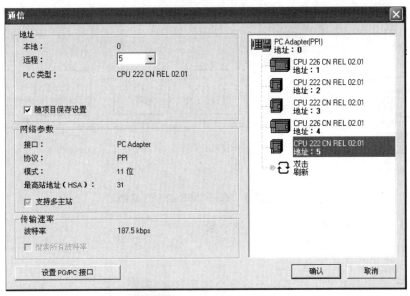

图 6-4　PPI 网络上的 5 个站

表 6-1　SMB30 各位表达的意义

bit7	bit6	bit5	bit4	bit3	bit2	bit1	bit0
p	p	d	b	b	b	m	m
pp:校验选择		d:每个字符的数据位				mm:协议选择	
00 = 不校验		0 = 8 位				00 = PPI/从站模式	
01 = 偶校验		1 = 7				位	
10 = 不校验						10 = PPI/主站模式	
11 = 奇校验						11 = 保留(未用)	
bbb:自由口波特率(单位:bit/s)							
000 = 38400		011 = 4800				110 = 115.2k	
001 = 19200		100 = 2400				111 = 57.6k	
010 = 9600		101 = 1200					

在 PPI 模式下，控制字节的 2~7 位是忽略掉的。即 SMB30 = 0000 0010，定义 PPI 主站。SMB30 中协议选择默认值是 00 = PPI 从站，因此，从站侧不需要初始化。

本系统中，按钮及指示灯模块的按钮、开关信号连接到输送单元的 PLC（S7—226 CN）输入口，以提供系统的主令信号。因此，在网络中输送站是指定为主站的，其余各站均指定为从站。图 6-5 所示为 YL—335B 的 PPI 网络。

2. 编写主站网络读写程序段

如前所述，在 PPI 网络中，只有主站程序中使用网络读写指令来读写从站信息，而从站程序没有必要使用网络读写指令。

在编写主站的网络读写程序前，应预先规划好下面的数据。

1) 主站向各从站发送数据的长度（字节数）。

2) 发送的数据位于主站何处。

3) 数据发送到从站的何处。

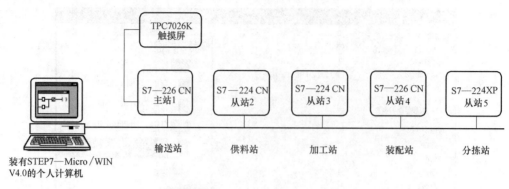

图 6-5 　YL—335B 的 PPI 网络

4）主站由各从站接收数据的长度（字节数）。

5）主站由从站的何处读取数据。

6）接收到的数据放在主站何处。

以上数据，应根据系统工作要求及信息交换量等进行统一筹划。考虑 YL—335B 中，各工作站 PLC 所需交换的信息量不大，主站向各从站发送的数据只是主令信号，由从站读取的也只是各从站的状态信息，发送和接收的数据均 1 个字（2Byte）就足够了。作为例子，所规划的数据见表 6-2。

表 6-2 　网络读写数据规划实例

输送站	供料站	加工站	装配站	分拣站
1#站（主站）	2#站（从站）	3#站（从站）	4#站（从站）	5#站（从站）
发送数据的长度/B	2	2	2	2
从主站何处发送	VB1000	VB1000	VB1000	VB1000
发往从站何处	VB1000	VB1000	VB1000	VB1000
接收数据的长度/B	2	2	2	2
数据来自从站何处	VB1020	VB1030	VB1040	VB1050
数据存到主站何处	VB1020	VB1030	VB1040	VB1050

网络读写指令可以向远程站发送或接收 16B 的信息，在 CPU 内同一时间最多可以有 8 条指令被激活。YL—335B 有 4 个从站，因此考虑同时激活 4 条网络读指令和 4 条网络写指令。

根据上述数据，即可编制主站的网络读写程序。但是，更简便的方法是借助网络读写向导程序。这一向导程序可以快速简单地配置复杂的网络读写指令操作，为所需的功能提供一系列选项。一旦完成，向导将为所选配置生成程序代码，并初始化指定的 PLC 为 PPI 主站模式，同时使能网络读写操作。

要起动网络读写向导程序，在 STEP7 V4.0 软件命令菜单中选择工具→指令向导，并且在指令向导窗口中选择 NETR/NETW（网络读写），单击"下一步"后，就会出现"NETR/NETW 指令向导"界面，如图 6-6 所示。

该界面和紧接着的下一个界面，将要求用户提供希望配置的网络读写操作总数、指定进行读写操作的通信端口、指定配置完成后生成的子程序名字，完成这些设置后，将进入对具体每一条网络读或写指令的参数进行配置的界面。

在这个例子中，8 项网络读写操作做如下安排：第 1~4 项为网络写操作，主站向各从站发送数据，第 5~8 项为网络读操作，主站读取各从站数据。图 6-7 为第 1 项操作配置界面，选择 NETW 操作，按表 6-2，主站（输送站）向各从站发送的数据都位于主站 PLC 的 VB1000～VB1001 处，所有从站都在其 PLC 的 VB1000～VB1001 处接收数据。所以前 4 项填写都是相同的，仅站号不一样。

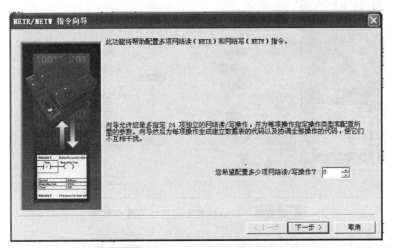

图 6-6　NETR/NETW 指令向导界面

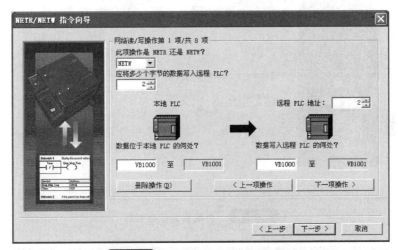

图 6-7　对供料单元的网络写操作

完成前 4 项数据填写后，再单击"下一项操作"，进入第 5 项配置，5～8 项都是网络读操作，按表 6-2 中各站规划逐项填写数据，直至 8 项操作配置完成。图 6-8 是对 2#从站（供料单元）的网络写操作配置。

8 项配置完成后，单击"下一步"，向导程序将要求指定一个 V 存储区的起始地址，以便将此配置放入 V 存储区，如图 6-9 所示。这时若在选择框中填入一个 VB 值（例如，VB0），或单击"建议地址"，程序自动建议一个大小合适且未使用的 V 存储区地址范围。

单击"下一步"，全部配置完成，向导将为所选的配置生成项目组件，如图 6-10 所示。修改或确认图中各栏目后，单击"完成"，借助网络读写向导程序配置网络读写操作的工作结束。这时，指令向导界面将消失，程序编辑器窗口将增加"NET_EXE"子程序标记。

要在程序中使用上面所完成的配置，必须在主程序块中加入对子程序"NET_EXE"的调用。使用 SM0.0 在每个扫描周期内调用此子程序，这将开始执行配置的网络读/写操作。该梯形图如图 6-11 所示。

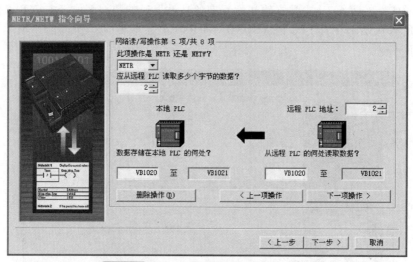

图 6-8　对供料单元的网络写操作配置

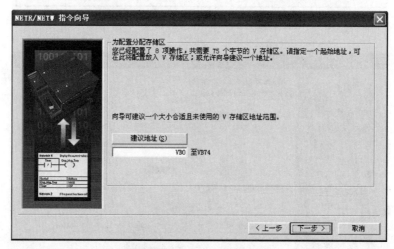

图 6-9　为配置分配存储区

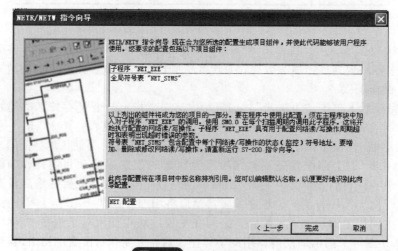

图 6-10　生成项目组件

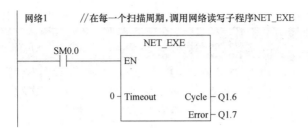

网络1   //在每一个扫描周期,调用网络读写子程序NET_EXE

图 6-11 调用网络读写子程序梯形图

由图可见，NET_EXE 子程序有 Timeout、Cycle、Error 等几个参数，它们的含义如下。

Timeout：设定的通信超时时限，数值范围为 1～32767s，若 = 0，则不计时。

Cycle：输出开关量，所有网络读/写操作每完成一次切换状态。

Error：发生错误时报警输出。

本例中 Timeout 设定为 0，Cycle 输出到 Q1.6，故网络通信时，Q1.6 所连接的指示灯将闪烁。Error 输出到 Q1.7，当发生错误时，所连接的指示灯将亮。

6.3 项目实施

任务分工：四人一组，每名成员要有明确分工，角色安排及负责任务如下。

程序设计员：小组的组长，负责整个项目的统筹安排并设计调试程序。

机械安装工：负责供料单元的机械、传感器、气路的安装及调试。

电气接线工：负责供料单元的电气接线。

资料整理员：负责整个实施过程的资料准备整理工作。

6.3.1 通讯网络的建立

根据以上任务书要求，确定通信数据见表 6-3～表 6-7。

表 6-3 输送站（1#站）发送缓冲区数据位定义

1#输送站→1#、2#、3#、4#、5#各从站网络信号		
输送站缓冲区 (VB1000～VB1003)→各从站缓冲区 (VB1000～VB1003)		
数 据 地 址	数 据 意 义	备 注
V1000.0	联机运行	运行 = 1,停止 = 0
V1000.2	急停信号	正常运行 = 0,急停动作 = 1
V1000.5	全线复位	
V1000.6	系统就绪	就绪 = 1,未就绪 = 0
V1000.7	触摸屏全线/单机方式	全线 = 1,单机 = 0
V1001.2	允许供料信号	
V1001.3	允许加工信号	
V1001.4	允许装配信号	
V1001.5	允许分拣信号	
V1001.6	供料站物料不足	
V1001.7	供料站物料没有	
VW1002	变频器频率输入	

表 6-4 输送站（2#站）接收缓冲区数据位定义（数据来自供料站）

2#供料站→1#输送站网络信号		
供料站缓冲区 (VB1020 ~ VB1022)→输送站缓冲区 (VB1020 ~ VB1022)		
数 据 地 址	数 据 意 义	备 注
V1020.0	供料站初始状态	供料就绪 = 1
V1020.1	推料完成	推完料变 1,料拿走之后变 0
V1020.4	全线/单机方式	全线 = 1,单机 = 0
V1020.5	供料站运行信号	运行 = 1,停止 = 0
V1020.6	物料不足信号	料不足 = 1
V1020.7	物料没有信号	料没有 = 1

表 6-5 输送站（3#站）接收缓冲区数据位定义（数据来自加工站）

3#加工站→1#输送站网络信号		
加工站缓冲区 (VB1030 ~ VB1032)→输送站缓冲区 (VB1030 ~ VB1032)		
数 据 地 址	数 据 意 义	备 注
V1030.0	加工站初始状态	加工就绪 = 1
V1030.1	加工完成	加工完成料变 1,料拿走之后变 0
V1030.4	全线/单机方式	全线 = 1,单机 = 0
V1030.5	加工站运行信号	运行 = 1,停止 = 0

表 6-6 输送站（4#站）接收缓冲区数据位定义（数据来自装配站）

4#装配站→1#输送站网络信号		
装配缓冲区 (VB1040 ~ VB1042)→输送站缓冲区 (VB1040 ~ VB1042)		
数 据 地 址	数 据 意 义	备 注
V1040.0	装配站初始状态	装配就绪 = 1
V1040.1	装配完成	装配完成变 1,料拿走之后变 0
V1040.4	全线/单机方式	全线 = 1,单机 = 0
V1040.5	装配站运行信号	运行 = 1,停止 = 0
V1040.6	工件不足信号	工件不足 = 1
V1040.7	工件没有信号	工件没有 = 1

表 6-7 输送站（5#站）接收缓冲区数据位定义（数据来自分拣站）

5#分拣站→1#输送站网络信号		
分拣站缓冲区 (VB1050 ~ VB1052)→输送站缓冲区 (VB1050 ~ VB1052)		
数 据 地 址	数 据 意 义	备 注
V1050.0	分拣站初始状态	分拣就绪 = 1
V1050.1	分拣完成	分拣完成变 1 之后延时一段时间变 0
V1050.4	全线/单机方式	全线 = 1,单机 = 0
V1050.5	分拣站运行信号	运行 = 1,停止 = 0

6.3.2　人机界面的设计

1. 工程分析和创建

根据工作任务，对工程分析并规划如下。

（1）工程框架　有两个用户窗口，即欢迎画面和主画面，其中欢迎画面是启动界面。1个策略：循环策略。

（2）数据对象　各工作站以及全线的工作状态指示灯、单机全线切换旋钮、起动、停止、复位按钮、变频器输入频率设定、机械手当前位置等。

（3）图形制作

1）欢迎画面窗口：

① 图片通过位图装载实现。

② 文字通过标签实现。

③ 按钮由对象元件库引入。

2）主画面窗口：

① 文字通过标签构件实现。

② 各工作站以及全线的工作状态指示灯、时钟由对象元件库引入。

③ 单机全线切换旋钮、起动、停止、复位按钮由对象元件库引入。

④ 输入频率设置通过输入框构件实现。

⑤ 机械手当前位置通过标签构件和滑动输入器实现。

（4）流程控制　通过循环策略中的脚本程序策略块实现。

进行上述规划后，就可以创建工程，然后进行组态。操作步骤是：在"用户窗口"中单击"新建窗口"按钮，建立"窗口0"和"窗口1"，然后分别设置两个窗口的属性。

2. 欢迎画面组态

（1）建立欢迎画面

选中"窗口0"，单击"窗口属性"，进入用户窗口属性设置，包括如下设置。

1）窗口名称改为"欢迎画面"。

2）窗口标题改为欢迎画面。

3）在"用户窗口"中，选中"欢迎"，单击右键，选择下拉菜单中的"设置为起动窗口"选项，将该窗口设置为运行时自动加载的窗口。

（2）"欢迎画面"组态

1）编辑欢迎画面。选中"欢迎画面"窗口图标，单击"动画组态"，进入动画组态窗口开始编辑画面。

① 装载位图。选择"工具箱"内的"位图"按钮，鼠标的光标呈"十"字形，在窗口左上角位置拖拽鼠标，拉出一个矩形，使其填充整个窗口。

在位图上单击右键，选择"装载位图"，找到要装载的位图，单击选择该位图，如图6-12所示，然后单击"打开"按钮，则图片装载到了窗口。

② 制作按钮。单击绘图工具箱中"　"图标，在窗口中拖出一个大小合适的按钮，双击按钮，出现如图6-13所示的属性设置窗口。在可见度属性页中点选"按钮不可见"；在操作属性页中单击"按下功能"：打开用户窗口时选择主画面，并使数据对象"HMI就绪"的值置1。

③ 制作循环移动的文字框图。

选择"工具箱"内的"标签"按钮，拖拽到窗口上方中心位置，根据需要拉出一个

图 6-12　装载位图

a)　　　　　　　　　　　　b)

图 6-13　按钮属性设置窗口

a）基本属性页　b）操作属性页

大小适合的矩形。在鼠标光标闪烁位置输入文字"欢迎使用 YL—335B 自动化生产线实训考核装备！"，按回车键或在窗口任意位置用鼠标左键单击一下，完成文字输入。

静态属性设置如下：文字框的背景颜色为没有填充；文字框的边线颜色为没有边线；文本颜色为艳粉色；文字字体为华文细黑，字型为粗体，字号为二号。

为了使文字循环移动，在"位置动画连接"中勾选"水平移动"，这时在对话框上端增添了一个"水平移动"窗口标签。水平移动属性页的设置如图 6-14 所示。

设置说明如下：

为了实现"水平移动"动画连接，首先要确定对应连接对象的表达式，然后再定义表达式的值所对应的位置偏移量。图 6-14 中，定义一个内部数据对象"移动"作为表达式，它是一个与文字对象的位置偏移量成比例的增量值。当表达式"移动"值为 0 时，文字对象的位

图 6-14　水平移动属性页的设置

置向右移动 0 点（即不动）；当表达式"移动"值为 1 时，文字对象的位置向左移动 5 点（-5），这就是说"移动"变量与文字对象的位置之间关系是一个斜率为-5 的线性关系。

触摸屏图形对象所在的水平位置定义为：以左上角为坐标原点，单位为像素点，向左为负方向，向右为正方向。TPC7062KS 分辨率是 800×480 像素，文字串"欢迎使用 YL—335B 自动化生产线实训考核装备！"向左全部移出的偏移量约为-700 像素，故表达式"移动"值为+140。文字循环移动的策略是，若文字串向左全部移出，则返回初始位置重新移动。

2）组态"循环策略"。

● 在"运行策略"中，双击"循环策略"进入策略组态窗口。

● 双击 图标进入"策略属性设置"，将循环时间设为 100ms，按"确认"。

● 在策略组态窗口中，单击工具条中的"新增策略行" 图标，增加一策略行，如图 6-15 所示。

图 6-15　新增策略行

● 单击"策略工具箱"中的"脚本程序"，将鼠标指针移到策略块图标 上，单击鼠标左键，添加脚本程序构件，如图 6-16 所示。

图 6-16　添加脚本程序构件

● 双击 进入策略条件设置，表达式中输入 1，即始终满足条件。

● 双击 进入脚本程序编辑环境，输入下面的程序：

```
if 移动<=140 then
移动=移动+1
else
移动=-140
endif
```

● 单击"确认"，脚本程序编写完毕。

3. 主画面组态

（1）建立主画面

1）选中"窗口 1"，单击"窗口属性"，进入用户窗口属性设置。

2）将窗口名称改为主画面窗口，标题改为主画面；"窗口背景"中，选择所需要颜色。

（2）定义数据对象和连接设备

1）定义数据对象。各工作站以及全线的工作状态指示灯、单机全线切换旋钮、起动、停止、复位按钮、变频器输入频率设定、机械手当前位置等，都需要与 PLC 相连接，进行信息交换的数据对象。定义数据对象的步骤如下。

① 单击工作台中的"实时数据库"窗口标签，进入实时数据库窗口页。

② 单击"新增对象"按钮，在窗口数据对象列表中，增加新的数据对象。

③ 选中对象，按下"对象属性"按钮，或双击选中对象，则打开"数据对象属性设置"

窗口；然后编辑属性，最后加以确定。表6-8列出了全部与PLC连接的数据对象。

表 6-8　连接 PLC 的数据对象

序号	对　象　名　称	类型	序号	对　象　名　称	类型
1	HMI就绪	开关型	15	单机全线_供料	开关型
2	越程故障_输送	开关型	16	运行_供料	开关型
3	运行_输送	开关型	17	料不足_供料	开关型
4	单机全线_输送	开关型	18	缺料_供料	开关型
5	单机全线_全线	开关型	19	单机全线_加工	开关型
6	复位按钮_全线	开关型	20	运行_加工	开关型
7	停止按钮_全线	开关型	21	单机全线_装配	开关型
8	启动按钮_全线	开关型	22	运行_装配	开关型
9	单机全线切换_全线	开关型	23	料不足_装配	开关型
10	网络正常_全线	开关型	24	缺料_装配	开关型
11	网络故障_全线	开关型	25	单机全线_分拣	开关型
12	运行_全线	开关型	26	运行_分拣	开关型
13	急停_输送	开关型	27	手爪位置_输送	数值型
14	变频器频率_分拣	数值型			

2）设备连接。使定义好的数据对象和PLC内部变量进行连接。具体操作步骤如下。

① 打开"设备工具箱"，在可选设备列表中，双击"通用串口父设备"，然后双击"西门子_S7200PPI"，出现"通用串口父设备"，"西门子_S7200PPI"。

② 设置通用串口父设备的基本属性，如图6-17所示。

③ 双击"西门子_S7200PPI"，进入设备编辑窗口，按照表6-8逐个增加设备通道，如图6-18所示。

（3）主画面制作和组态　按如下步骤制作和组态主画面。

1）制作主画面的标题文字、插入时钟、在工具箱中选择直线构件，把标题文字下方

图 6-17　通用串口设备属性编辑对话框

的区域划分为如图6-19所示的两部分。区域左面制作各从站单元画面，右面制作主站输送单元画面。

2）制作各从站单元画面并组态。以供料单元组态设计为例，其画面如图6-20所示，图中指出了各构件的名称。这些构件的制作和属性设置前面已有详细介绍，但"供料不足"和"缺料"两状态指示灯有报警时闪烁功能的要求，下面通过制作供料站缺料报警指示灯着重介

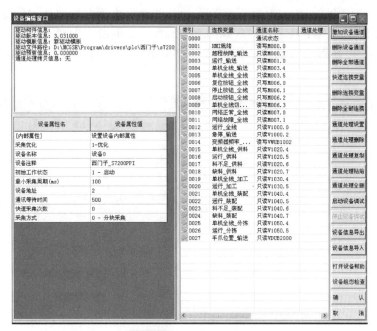

图 6-18 设备编辑窗口

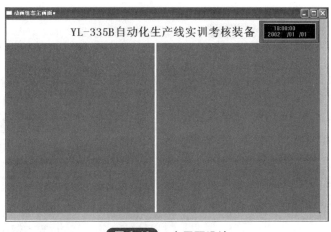

图 6-19 主画面设计

绍这一属性的设置方法。

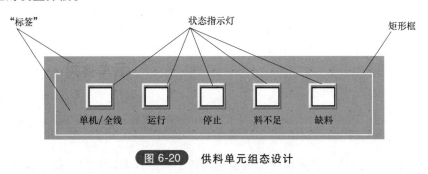

图 6-20 供料单元组态设计

与其他指示灯组态不同的是：缺料报警分段点1设置的颜色是红色，并且还需要组态闪烁功能。具体操作步骤是：在"属性设置"页的特殊动画连接框中勾选"闪烁效果"，"填充颜色"旁边就会出现"闪烁效果"页，如图 6-21a 所示。单击"闪烁效果"页，表达式选择为"料不足_供料"；在闪烁实现方式框中点选"用图元属性的变化实现闪烁"；填充颜色选择黄色，如图 6-21b 所示。

a)

b)

图 6-21 标签动画组态属性设置

a)"属性设置"页　b)"闪烁效果"页

3）制作主站输送单元画面。这里只着重说明滑动输入器的制作方法。具体操作步骤如下。

① 选中"工具箱"中的滑动输入器 图标，当鼠标呈"十"字形后，拖动鼠标到适当大小，调整滑动块到适当的位置。

② 双击滑动输入器构件，进入如图 6-22 所示的属性设置窗口。按照下面的值设置各个参数：

"基本属性"页中，滑块指向左（上）。

"刻度与标注属性"页中，"主划线数目"为 11，"次划线数目"为 2，小数位数为 0。

"操作属性"页中，对应数据对象名称为手爪位置_输送。

滑块在最左（下）边时对应的值为 1100。

滑块在最右（上）边时对应的值为 0。

其他为默认值。

图 6-22 滑动输入器构件属性设置

③ 单击"权限"按钮，进入用户权限设置对话框，选择管理员组，按"确认"按钮完成制作。图 6-23 是制作完成的效果图。

图 6-23　滑动输入器组态完成图

6.3.3　联网程序设计

本装置是一个分布式控制的自动生产线，在设计它的整体控制程序时，应首先从它的系统性着手，通过组建网络，规划通信数据，使系统组织起来；然后根据各工作单元的工艺任务，分别编制各工作站的控制程序。

1. 从站单元控制程序的编制

对于各工作站在单站运行时的编程思路，在前面各项目中均作了介绍。在联机运行情况下，由工作任务书规定的各从站工艺过程是基本固定的，原单站程序中工艺控制子程序基本变动不大。在单站程序的基础上修改、编制联机运行程序，实现上并不太困难。下面首先以供料站的联机编程为例说明编程思路。

联机运行情况下的主要变动有两个：一是在运行条件上有所不同，主令信号来自系统通过网络下传的信号；二是各工作站之间通过网络不断交换信号，由此确定各站的程序流向和运行条件。

对于前者，首先必须明确工作站当前的工作模式，以此确定当前有效的主令信号。工作任务书中明确规定了工作模式切换的条件，其目的是避免误操作的发生，确保系统可靠运行。工作模式切换条件的逻辑判断应在主程序开始时中进行，图 6-24 是实现这一功能的梯形图。

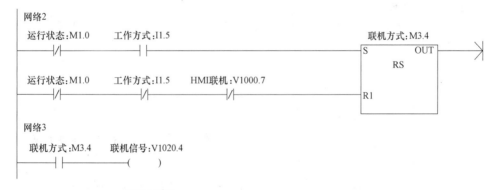

图 6-24　工作站当前工作模式判断控制梯形图

根据工作站当前工作模式，确定当前有效的主令信号（起动、停止等），如图 6-25 所示。

读者可把上述两段梯形图与项目 2 供料单元控制系统实训的主程序梯形图进行比较，不难理解这一编程思路。

在程序中处理工作站之间通过网络交换信息的方法有两种：一是直接使用网络下传来的信号，同时在需要上传信息时立即在程序的相应位置插入上传信息，例如直接使用系统发来的全线运行指令（V1000.0）作为联机运行的主令信号。而在需要上传信息时，例如在供料控制子程序最后工步，当一次推料完成，顶料气缸缩回到位时，即向系统发出持续 1s 的推料完成信号，然后返回初始步。系统在接收到推料完成信号后，即指令输送站机械手前来抓取工件，从而实现了网络信息交换。供料控制子程序最后工步的梯形图如图 6-26 所示。

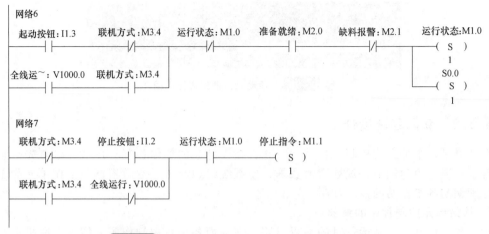

图 6-25 联机或单站方式下起动与停止控制梯形图

对于网络信息交换量不大的系统，上述方法是可行的。如果网络信息交换量很大，则可采用另一方法，即专门编写一个通信子程序，主程序在每一扫描周期都要调用该子程序。这种方法使程序变得更加清晰，更具有可移植性。

其他从站的编程方法与供料站基本类似，此处不再详述。建议读者对照各工作站单站例程和联机例程，仔细加以比较和分析。

2. 主站单元控制程序的编制

输送站是 YL—335B 系统中最为重要同时也是承担任务最为繁重的工作单元。这一特点主要体现在：输送站 PLC 与触摸屏相连接，接收来自触摸屏的主令信号，同时把系统状态信息回馈到触摸屏；作为网络的主站，要进行大量的网络信息处理；需完成本单元的，且联机方式下的工艺生产任务与单站运行时略有差异。因此，把输送站的单站控制程序修改为联机控制，工作量要大一些。下面着重讨论编程中应加以注意的问题和有关编程思路。

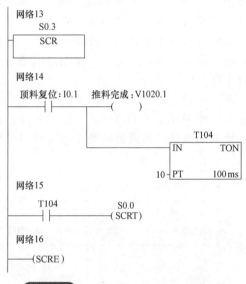

图 6-26 供料站一次推料完成梯形图

（1）内存的配置　为了使程序更为清晰合理，编写程序前应尽可能详细地规划所需要使用的内存。前面已经规划了供网络变量使用的内存，它们从 V1000 单元开始。在借助 NETR／NETW 指令向导生成网络读写子程序时，指定了所需要的 V 存储区的地址范围（VB395～VB481，共占 87Byte 的 V 存储区）。第二，在借助位控向导组态 PTO 时，也要指定所需要的 V 存储区的地址范围。YL—335B 出厂例程编制中，指定的输出 Q0.0 的 PTO 包络表在 V 存储区的首址为 VB524，从 VB500～VB523 范围内的存储区是空着的，留给位控向导所生成的几个子程序 PTO0_ CTR、PTO0_ RUN 等使用。

此外，在人机界面组态中，也规划了人机界面与 PLC 的连接变量的设备通道，整理成表格形式，见表 6-9。

只有在配置了上面所提到的存储器后，才能考虑编程中所需用到的其他中间变量，避免非法访问内部存储器是编程中必须注意的问题。

（2）主程序的结构　由于输送站承担的任务较多，联机运行时，主程序有较大的变动。

表 6-9　人机界面与 PLC 的连接变量的设备通道

序号	连接变量	通道名称	序号	连接变量	通道名称
1	越程故障_输送	M0.7（只读）	14	单机/全线_供料	V1020.4（只读）
2	运行状态_输送	M1.0（只读）	15	运行状态_供料	V1020.5（只读）
3	单机/全线_输送	M3.4（只读）	16	工件不足_供料	V1020.6（只读）
4	单机/全线_全线	M3.5（只读）	17	工件没有_供料	V1020.7（只读）
5	复位按钮_全线	M6.0（只写）	18	单机/全线_加工	V1030.4（只读）
6	停止按钮_全线	M6.1（只写）	19	运行状态_加工	V1030.5（只读）
7	启动按钮_全线	M6.2（只写）	20	单机/全线_装配	V1040.4（只读）
8	方式切换_全线	M6.3（读写）	21	运行状态_装配	V1040.5（只读）
9	网络正常_全线	M7.0（只读）	22	工件不足_装配	V1040.6（只读）
10	网络故障_全线	M7.1（只读）	23	工件没有_装配	V1040.7（只读）
11	运行状态_全线	V1000.0（只读）	24	单机/全线_分拣	V1050.4（只读）
12	急停状态_输送	V1000.2（只读）	25	运行状态_分拣	V1050.5（只读）
13	输入频率_全线	VW1002（读写）	26	手爪位置_输送	VD2000（只读）

1）每一扫描周期，除调用 PTO0_CTR 子程序，使能 PTO 外，尚需要调用网络读写子程序和通信子程序。

2）完成系统工作模式的逻辑判断，除了输送站本身要处于联机方式外，必须所有从站都处于联机方式。

3）联机方式下，系统复位的主令信号，由 HMI 发出。在初始状态检查中，系统准备就绪，除输送站本身要准备就绪外，所有从站均应准备就绪。因此，初态检查复位子程序中，除了完成输送站本站初始状态的检查和复位操作外，还要通过网络读取各从站准备就绪信息。

4）总的来说，整体运行过程仍是按初态检查→准备就绪，等待启动→投入运行等几个阶段逐步进行，但阶段的开始或结束的条件则发生变化。

以上是主程序的编程思路，下面给出主程序清单，如图 6-27~图 6-30 所示。

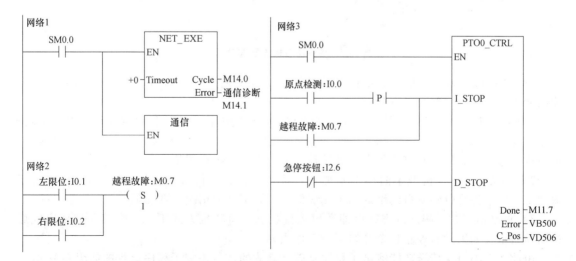

图 6-27　NET_EXE 子程序和 PTO0_CTR 子程序的调用

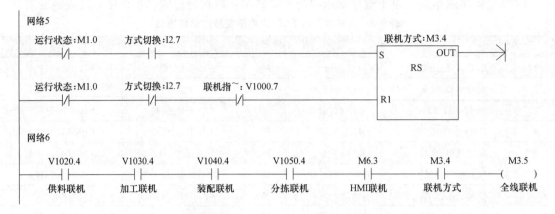

图 6-28　系统联机运行模式的确定

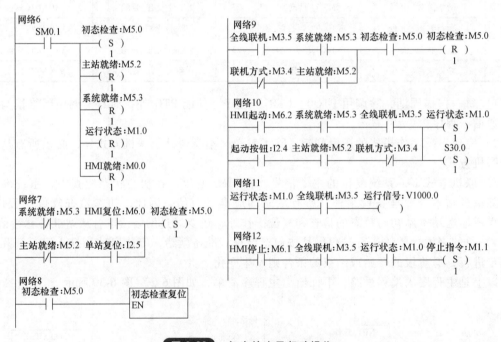

图 6-29　初态检查及起动操作

（3）"运行控制"子程序的结构　输送站联机的工艺过程与单站过程略有不同，需要修改的地方并不多，主要有以下几点。

1）项目7工作任务中，传送功能测试子程序在初始步就开始执行机械手往供料站出料台抓取工件，而联机方式下，初始步的操作应为：通过网络向供料站请求供料，收到供料站供料完成信号后，如果没有停止指令，则转移到下一步，即执行抓取工件。

2）单站运行时，机械手向加工站加工台放下工件，等待2s取回工件，而联机方式下，取回工件的条件是收到来自网络的加工完成信号。装配站的情况与此相同。

3）单站运行时，测试过程结束即退出运行状态，而联机方式下，一个工作周期完成后，返回初始步，如果没有停止指令开始下一工作周期。

由此，在项目7传送功能测试子程序基础上修改的运行控制子程序流程图如图6-31所示。

（4）"通信"子程序　"通信"子程序的功能包括从站报警信号处理、转发（从站间、

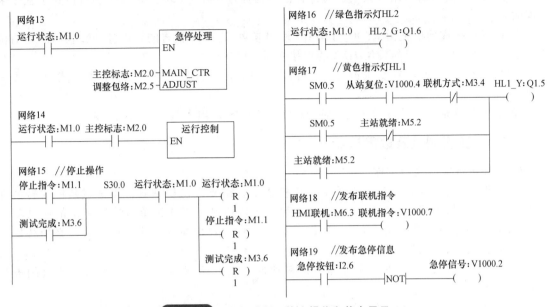

图 6-30 运行过程、停止操作和状态显示

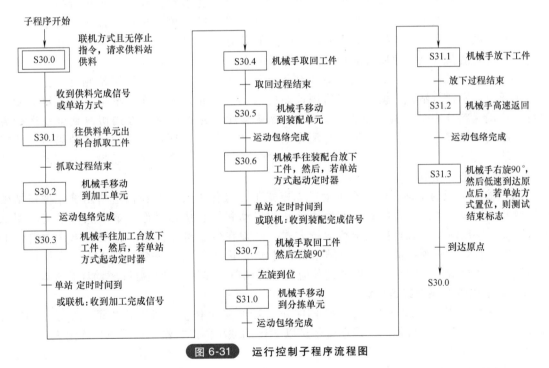

图 6-31 运行控制子程序流程图

HMI）以及向 HMI 提供输送站机械手当前位置信息。主程序在每一扫描周期都调用这一子程序。

1）报警信号处理、转发包括：

① 供料站工件不足和工件没有的报警信号转发给装配站，为警示灯工作提供信息。

② 处理供料站"工件没有"或装配站"零件没有"的报警信号。

③ 向 HMI 提供网络正常/故障信息。

2）向 HMI 提供输送站机械手当前位置信息是通过调用 PTO0_ LDPOS 装载位置子程序来实现的。

① 在每一扫描周期把由 PTO0_ LDPOS 输出参数 C_ Pos 报告的、以脉冲数表示的当前位置转换为长度信息，然后转发给 HMI 的连接变量 VD2000。

② 当机械手运动方向发生改变时，相应改变高速计数器 HCO 的计数方式（增或减计数）。

③ 每当返回原点信号被确认后，使 PTO0_ LDPOS 输出参数 C_ Pos 清零。

6.3.4　整机调试及故障诊断

1. 全线运行前的准备工作

（1）供料单元的手动测试　在手动工作模式下，需要在供料站侧首先把该站模式转换开关切换到单站工作模式，然后用该站的启动和停止按钮进行操作，单步执行指定的测试项目（应确保料仓中至少有三个工件）。要从供料单站运行方式切换到全线运行方式，必须待供料站停止运行，且供料站料仓内有至少三个以上工件才有效。同时，必须在前一项测试结束后，拍下启动/停止按钮，进入下一项操作。顶料和推料气缸活塞的运动速度可通过节流阀进行调节。

（2）加工单元的手动测试　在手动工作模式下，操作人员需要在加工站侧首先把该站模式转换开关切换到单站工作模式，然后用该站的启动和停止按钮操作，单步执行指定的测试项目。要从加工单站运行方式切换到自动运行方式，必须按下停止按钮，且加工台上没有工件才有效。也必须在前一项测试结束后，才能按下启动/停止按钮，进入下一项操作。气动手指和冲头气缸活塞的运动速度可通过节流阀进行调节。

（3）装配单元的手动测试　在手动工作模式下，操作人员需要在装配站侧首先把该站模式转换开关切换到单站工作模式，然后用该站的启动和停止按钮操作，单步执行指定的测试项目（应确保料仓中至少有三个以上工件）。要从装配单元手动测试方式切换到全线运行方式，在停止按钮按下，且料台上没有装配完的工件才有效。必须在前一项测试结束后，才能按下启动/停止按钮，进入下一项操作。顶料和挡料气缸、气动手指和气动摆台活塞的运动速度通过节流阀进行调节。

（4）输送单元的手动测试　在手动工作模式下，操作人员需要在输送站侧首先把该站模式转换开关切换到单站工作模式，然后用该站的启动和停止按钮操作，单步执行指定的测试项目。要从手动测试方式切换到全线运行方式，必须在停止按钮按下，且供料单元物料台上没有工件才有效。必须在前一项测试结束后，才能按下启动/停止按钮，进入下一项操作。气动手指和气动摆台活塞的运动速度通过节流阀进行调节。步进电动机脉冲驱动计数准确。

2. 自动化生产线全线运行调试

（1）复位过程　系统在上电，PPI 网络正常后开始工作。触摸人机界面上的复位按钮，执行复位操作，在复位过程中，绿色警示灯以 2Hz 的频率闪烁，红色和黄色灯均熄灭。

复位过程包括：使输送站机械手装置回到原点位置和检查各工作站是否处于初始状态。各工作站初始状态是指如下状态

① 各工作单元气动执行元件均处于初始位置。

② 供料单元料仓内有足够的待加工工件。

③ 装配单元料仓内有足够的小圆柱零件。

④ 输送站的紧急停止按钮未按下。

当输送站机械手装置回到原点位置，且各工作站均处于初始状态，则复位完成，绿色警示灯常亮，表示允许启动系统。这时若触摸人机界面上的启动按钮，系统启动，绿色和黄色

警示灯均常亮。

（2）供料站的运行 系统启动后，若供料站的出料台上没有工件，则应把工件推到出料台上，并向系统发出出料台上有工件的信号。若供料站的料仓内没有工件或工件不足，则向系统发出报警或预警信号。出料台上的工件被输送站机械手取出后，若系统仍然需要推出工件进行加工，则进行下一次推出工件的操作。

（3）输送站运行1 当工件推到供料站出料台后，输送站抓取机械手装置应执行抓取供料站工件的操作。该动作完成后，伺服电动机驱动机械手装置移动到加工站加工物料台的正前方，把工件放到加工站的加工台上。

（4）加工站运行 加工站加工台的工件被检出后，执行加工过程。当加工好的工件重新送回待料位置时，向系统发出冲压加工完成信号。

（5）输送站运行2 系统接收到加工完成信号后，输送站机械手应执行抓取已加工工件的操作。抓取动作完成后，伺服电动机驱动机械手装置移动到装配站物料台的正前方，把工件放到装配站物料台上。

（6）装配站运行 装配站物料台的传感器检测到工件后，开始执行装配过程。装入动作完成后，向系统发出装配完成信号。如果装配站的料仓或槽内没有小圆柱工件或工件不足，应向系统发出报警或预警信号。

（7）输送站运行3 系统接收到装配完成信号后，输送站机械手应抓取已装配的工件，然后从装配站向分拣站运送工件，到达分拣站传送带上方入料口后把工件放下，然后执行返回原点的操作。

（8）分拣站运行 输送站机械手装置放下工件、缩回到位后，分拣站的变频器即启动，驱动传动电动机以80%最高运行频率（由人机界面指定）的速度，把工件带入分拣区进行分拣，工件分拣原则与单站运行相同。当分拣气缸活塞杆推出工件并返回后，应向系统发出分拣完成信号。

（9）停止指令的处理 仅当分拣站分拣工作完成，并且输送站机械手装置回到原点，系统的一个工作周期才确认结束。如果在工作周期期间没有触摸过停止按钮，系统在延时1s后开始下一周期工作。如果在工作周期期间曾经触摸过停止按钮，系统工作结束，警示灯中黄色灯熄灭，绿色等仍保持常亮。系统工作结束后若再按下启动按钮，则系统又重新开始工作。

在项目实施过程中，要自己动手、互相协作、共同努力根据任务要求完成自动化生产线全线运行的安装与调试，并填好工作单（见表6-10）及整理好归档文件。

表6-10 生产线全线运行调试工作单

机械安装	是否返工： 是 否 存在的问题及解决方法：
电气接线	是否返工： 是 否 存在的问题及解决方法：
气路连接	是否返工： 是 否 存在的问题及解决方法：
通讯网络的建立	存在的问题及解决方法：

（续）

人机界面	存在的问题及解决方法：
程序设计	存在的问题及解决方法：
调试及故障诊断	

6.4 检查评议

全线运行项目自我评价表和项目考核评定见表 6-11 和表 6-12。

表 6-11 全线运行项目自我评价

评价内容	标准/分	得分/分	需提高部分
机械安装与调试	10		
气路连接与调试	10		
电气安装与调试	10		
人机界面的设计与调试	20		
程序设计与调试	40		
绑扎工艺及工位整理	10		
不足之处			
优　点			

表 6-12 全线运行项目考核评定

项目分类	考核内容	分值/分	工作要求	评分标准	老师评分
专业能力 （90分）	机械、电气、气路的安装及工艺	20	按工艺要求正确安装并做好工艺	松动、虚接、工艺未达标准每处扣2分	
	1.组态画面	20	两个组态画面，按任务要求绘制	组态画面少一项功能扣2分	
	2.全线动作	40	按控制要求完成动作	少一项扣5分	
	3.运行结果及口试答辩	10	程序运行结果正确，表述清楚，口试答辩准确	对运行结果表述不清楚者扣10分	
职业素质能力 （10分）	相互沟通、团结配合能力	5	善于沟通，积极参与，与组长、组员配合默契，不产生冲突	根据自评、互评、教师点评而定	
	清扫场地、整理工位	5	场地清扫干净，工具、桌椅摆放整齐	不合格，不得分	

项目7

工业机器人搬运单元的安装与调试

学习目标

知识目标

➤ 掌握搬运机器人的程序编制方法。

➤ 掌握搬运机器人的路径设计方法。

能力目标

➤ 能够完成搬运单元模块及吸盘夹具的安装。

➤ 能够完成搬运单元机器人程序编制及系统的设计与调试。

素养目标

➤ 培养学生的文化自信和民族自豪感。

➤ 培养学生的团队协作意识和创新精神。

7.1 项目描述

1. 工业机器人搬运模型工作站

搬运模型工作站的两块底板座均采用不锈钢制造且分别有四组不同形状和编号的工件，有圆形、正方形、六边形等形状。搬运模块由两块图块固定板、多形状物料（正方形、圆形、六边形、椭圆形）组成，如图7-1所示。机器人通过吸盘夹具依次把一个物料板摆放好的多种形状的物料拾取并搬运到另一个物料板上；可对机器人点对点搬运进行练习，且搬运的物料形状、角度的不同，能够深化机器人点到点示教时的角度姿态等调整。可对机器人 OFFS 偏移指令以及机器人重定位姿态进行学习。

2. 控制要求

使用安全连线对各个信号正确连接。要求控制面板上急停按钮 QS 按下后机器人出现紧急停止报警。机器人在自动模式时可通过面板按钮 SB1 控制机器人

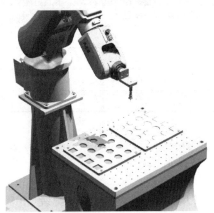

图 7-1　搬运模型

电动机上电、按钮 SB2 控制机器人从主程序开始运行、按钮 SB3 控制机器人停止、按钮 SB4 控制机器人开始运行、指示灯 HL1 显示机器人自动运行状态、指示灯 HL2 显示电动机上电状态。

7.2 相关知识

下面介绍数组的使用方法。

在定义程序数据时，可以将同种类型、同种用途的数值存放在同一数据中，当调用该数

据时需要写明索引号来指定调用的是该数据中的哪个数值，这就是所谓的数组。在 RAPID 中，可以定义一维数组、二维数组以及三维数组。

例如，一维数组：

VAR num num1｛3｝:=［5,7,9］;

! 定义一维数组 num1

num2: = num1｛2｝;

! num2 被赋值为 7

例如,二维数组：

VAR num num1｛3,4｝:=［1,2,3,4］［5,6,7,8］［9,10,11,12］;

! 定义二维数组 num1

num2: = num1｛3,2｝;

! num2 被赋值为 10

在程序编写过程中，当需要调用大量的同种类型、同种用途的数据时创建数据时可以利用数组来存放这些数据，这样便于在编程过程中对其进行灵活调用，甚至在大量 I/O 信号调用过程中，也可以先将 I/O 进行别名操作，即将 I/O 信号与信号数据关联起来，之后将这些信号数据定义为数组类型，在程序编写中便于对同种类型、同种用途的信号进行调用。

7.3　项 目 准 备

在实施项目前，应按照材料清单（见表 7-1）逐一检查搬运单元的所需材料是否齐全，并填好各种材料的数量、规格、是否损坏等情况。

表 7-1　搬运单元材料清单

材料名称	规格	数量	是否损坏
机器人编程手操器			
内六角扳手			
内六角圆柱头螺钉			
搬运模型套件			
抓手吸盘夹具			

7.4　项 目 实 施

7.4.1　搬运模型的安装

把搬运模型套件放置在实训平台合适位置上，并保持安装螺钉孔与实训平台固定螺钉孔对应，用螺钉把其锁紧，如图 7-2 所示。

7.4.2　吸盘夹具及夹具电路和气路的安装

1. 吸盘夹具的安装

首先将机器人的连接法兰安装到机器人 6 轴法兰盘上，然后再把吸盘夹具安装到连接法兰上，如图 7-3 所示。

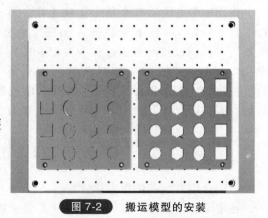

图 7-2　搬运模型的安装

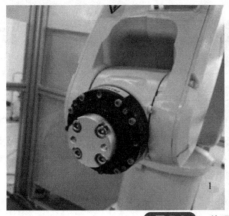

图 7-3　单吸盘夹具安装示意图

2. 夹具电路及气路的安装

1）把吸盘手爪、真空发生器、电磁阀之间用合适的气管连接好，并用扎带固定。

2）按照如图 7-4 所示的接线图将电磁阀电路与集成信号接线端子盒进行正确连接。

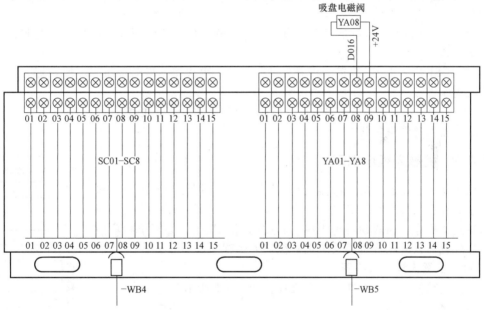

图 7-4　吸盘手爪夹具电磁阀接线图

7.4.3　I/O 分配及接线

由于所有信号均分布在面板上，应根据工作站任务要求（见表 7-2）进行机器人 I/O 分配。

表 7-2　实训模式下的机器人 I/O 分配

面板按钮	信号（Signal）	系统输入（System Input）	类型（Argument）
SB1	DI1	MotorOn	
SB2	DI2	StartMain	CYCLE
SB3	DI3	Stop	
SB4	DI4	Start	CYCLE

（续）

面板指示灯	信号（Signal）	系统输入（System Input）	
HL1	DO1	AutoOn	
HL2	DO2	MotorOn	

根据表 7-2 完成机器人 I/O 信号和系统信号的关联配置时，要求使用安全连线把机器人输入信号 DI1、DI2、DI3、DI4 接到对应面板上的 SB1、SB2、SB3、SB4 按钮。其中按钮公共端接 0V；机器人输出信号 D01、DO2 接入面板指示灯 HL1、HL2 中，指示灯公共端接 24V。相关工艺要求如下：

1）所有安全连线均用扎带固定，且控制面板上的布线要布局合理与美观。

2）安全连线插线应牢靠，无松动。

7.4.4 PLC 程序设计

PLC 的控制要求如下。

1）机器人处于自动模式时，且无报警状态时，HL2 指示灯点亮表示系统准备就绪且处于停止状态。

2）按下 SB1 按钮，系统启动，机器人开始动作；同时 HG 面板运行指示灯亮起，表示系统处于运行状态。

3）按下 SB3 按钮，系统暂停机器人动作停止；再次按下启动按钮 SB1 时机器人接着上次停止前的动作继续运行。

4）按下 QS1 系统紧急停止按钮，机器人紧急停止并发出报警信息，按下 SB2 复位按钮后，解除机器人急停报警状态。

7.4.5 机器人程序编写

根据机器人运动轨迹编写机器人程序时，首先根据控制要求绘制机器人程序流程图，然后编写机器人主程序和子程序。子程序主要包括机器人初始化子程序、抓取物料子程序、码放物料子程序。编写子程序前要先设计好机器人的运行轨迹及定义好机器人的程序点。

1. 设计机器人程序流程图

根据控制功能，设计机器人程序流程，如图 7-5 所示。

2. 系统输入输出设定

参照前面任务所述的方法进行系统输入输出的设定，在此不再赘述。

3. 机器人程序设计

机器人参考程序如下：

MODULE MainModule

　　VAR num r1：=0；

　　CONST jointtarget jpos10：=[[0,0,0,0,0,0],[9E+09,9E+09,9E+09,9E+09,9E+09,9E+09]]；

　　CONST robtarget p0：=[[430.03,149.61,218.44],[0.70715,−0.000218716,0.707064,0.00021446],[0,0,−1,1],[9E+09,9E+09,9E+09,9E+09,9E+09,9E+09]]；

　　CONST robtarget p10：=[[430.03,207.01,44.58],[0.70715,−0.000219468,

图 7-5　机器人程序流程

0.707064,0.000214336],[0,0,-1,1],[9E+09,9E+09,9E+09,9E+09,9E+09,9E+09]];

  CONST robtarget p20：=[[440.50,204.63,11.77],[0.70715,-0.000219263,
0.707063,0.000215396],[0,0,-1,1],[9E+09,9E+09,9E+09,9E+09,9E+09,9E+09]];

  CONST robtarget p30：=[[440.50,204.63,89.44],[0.707151,-0.000219375,
0.707063,0.000215346],[0,0,-1,1],[9E+09,9E+09,9E+09,9E+09,9E+09,9E+09]];

  CONST robtarget p40：=[[443.37,149.46,233.04],[0.70715,-0.000218913,
0.707064,0.0002143],[0,0,-1,1],[9E+09,9E+09,9E+09,9E+09,9E+09,9E+09]];

  CONST robtarget p50：=[[443.37,154.09,89.56],[0.70715,-0.000219261,
0.707064,0.00021407],[0,0,-1,1],[9E+09,9E+09,9E+09,9E+09,9E+09,9E+09]];

  CONST robtarget p60：=[[443.37,152.87,12.62],[0.70715,-0.000219464,
0.707063,0.00021432],[0,0,-1,1],[9E+09,9E+09,9E+09,9E+09,9E+09,9E+09]];

  CONST robtarget p70：=[[443.37,152.87,116.00],[0.70715,-0.000219495,
0.707063,0.000213948],[0,0,-1,1],[9E+09,9E+09,9E+09,9E+09,9E+09,9E+09]];

  CONST robtarget p80：=[[414.41,109.14,221.70],[0.707151,-0.000219949,
0.707063,0.000213993],[0,0,-1,1],[9E+09,9E+09,9E+09,9E+09,9E+09,9E+09]];

  CONST robtarget p90：=[[443.46,100.09,46.63],[0.707151,-0.000219988,
0.707063,0.000214528],[0,0,-1,1],[9E+09,9E+09,9E+09,9E+09,9E+09,9E+09]];

  CONST robtarget p100：=[[443.46,100.09,12.28],[0.707151,-0.000219967,
0.707062,0.000214484],[0,0,-1,1],[9E+09,9E+09,9E+09,9E+09,9E+09,9E+09]];

  CONST robtarget p110：=[[443.46,100.09,93.53],[0.707151,-0.00022034,
0.707062,0.000214589],[0,0,-1,1],[9E+09,9E+09,9E+09,9E+09,9E+09,9E+09]];

  CONST robtarget p120：=[[443.46,46.67,157.90],[0.707151,-0.000220272,
0.707062,0.000214529],[0,0,-1,1],[9E+09,9E+09,9E+09,9E+09,9E+09,9E+09]];

  CONST robtarget p130：=[[438.19,46.67,37.63],[0.707152,-0.000220158,
0.707062,0.000214636],[0,0,-1,1],[9E+09,9E+09,9E+09,9E+09,9E+09,9E+09]];

  CONST robtarget p140：=[[441.06,49.01,11.98],[0.707152,-0.00021998,
0.707062,0.000214461],[0,0,0,1],[9E+09,9E+09,9E+09,9E+09,9E+09,9E+09]];

  CONST robtarget p150：=[[441.06,49.01,80.17],[0.707152,-0.000219934,
0.707062,0.000214832],[0,0,-1,1],[9E+09,9E+09,9E+09,9E+09,9E+09,9E+09]];

  CONST robtarget p160：=[[374.00,-0.00,630.00],[0.707107,5.27994E-23,
0.707107,-5.27994E-23],[-1,0,0,0],[9E+09,9E+09,9E+09,9E+09,9E+09,9E+09]];

  CONST robtarget p170：=[[374.00,-0.00,630.00],[0.707107,5.27994E-23,
0.707107,-5.27994E-23],[-1,0,0,0],[9E+09,9E+09,9E+09,9E+09,9E+09,9E+09]];

  CONST robtarget p180：=[[374.00,-0.00,630.00],[0.707107,5.27994E-23,
0.707107,-5.27994E-23],[-1,0,0,0],[9E+09,9E+09,9E+09,9E+09,9E+09,9E+09]];

  CONST robtarget p190：=[[374.00,-0.00,630.00],[0.707107,5.27994E-23,
0.707107,-5.27994E-23],[-1,0,0,0],[9E+09,9E+09,9E+09,9E+09,9E+09,9E+09]];

  CONST robtarget p200：=[[442.61,-204.89,205.83],[0.703126,0.000452102,
0.711055,0.00363827],[-1,-1,0,1],[9E+09,9E+09,9E+09,9E+09,9E+09,9E+09]];

  CONST robtarget p210：=[[442.61,-204.89,42.95],[0.703127,0.000451876,
0.711055,0.00363844],[-1,-1,0,1],[9E+09,9E+09,9E+09,9E+09,9E+09,9E+09]];

  CONST robtarget p220：=[[442.61,-204.89,12.55],[0.703127,0.000452245,
0.711055,0.00363828],[-1,-1,0,1],[9E+09,9E+09,9E+09,9E+09,9E+09,9E+09]];

```
    CONST robtarget p230：= [ [ 442. 61, - 204. 89, 67. 96 ], [ 0. 703127, 0. 0004523,
0. 711055, 0. 00363834], [ -1, -1, 0, 1], [9E+09, 9E+09, 9E+09, 9E+09, 9E+09, 9E+09] ];
    CONST robtarget p240：= [ [ 442. 61, - 127. 84, 199. 09 ], [ 0. 703127, 0. 000451198,
0. 711055, 0. 00363819], [ -1, -1, 0, 1], [9E+09, 9E+09, 9E+09, 9E+09, 9E+09, 9E+09] ];
    CONST robtarget p250：= [ [ 442. 61, - 153. 13, 51. 94 ], [ 0. 703127, 0. 000451212,
0. 711055, 0. 00363806], [ -1, -1, 0, 1], [9E+09, 9E+09, 9E+09, 9E+09, 9E+09, 9E+09] ];
    CONST robtarget p260：= [ [ 442. 61, - 153. 13, 14. 63 ], [ 0. 703127, 0. 000451603,
0. 711055, 0. 00363834], [ -1, -1, 0, 1], [9E+09, 9E+09, 9E+09, 9E+09, 9E+09, 9E+09] ];
    CONST robtarget p270：= [ [ 442. 61, - 153. 13, 111. 27 ], [ 0. 703127, 0. 000451838,
0. 711055, 0. 00363825], [ -1, -1, 0, 1], [9E+09, 9E+09, 9E+09, 9E+09, 9E+09, 9E+09] ];
    CONST robtarget p280：= [ [ 442. 61, - 98. 17, 171. 40 ], [ 0. 703127, 0. 000451984,
0. 711055, 0. 0036378], [ -1, -1, 0, 1], [9E+09, 9E+09, 9E+09, 9E+09, 9E+09, 9E+09] ];
    CONST robtarget p290：= [ [ 442. 61, - 98. 17, 70. 17 ], [ 0. 703127, 0. 000452069,
0. 711055, 0. 00363785], [ -1, -1, 0, 1], [9E+09, 9E+09, 9E+09, 9E+09, 9E+09, 9E+09] ];
    CONST robtarget p300：= [ [ 441. 72, - 101. 67, 11. 94 ], [ 0. 703127, 0. 00045148,
0. 711055, 0. 0036385], [ -1, -1, 0, 1], [9E+09, 9E+09, 9E+09, 9E+09, 9E+09, 9E+09] ];
    CONST robtarget p310：= [ [ 441. 72, - 101. 67, 64. 03 ], [ 0. 703127, 0. 000451686,
0. 711055, 0. 00363837], [ -1, -1, 0, 1], [9E+09, 9E+09, 9E+09, 9E+09, 9E+09, 9E+09] ];
    CONST robtarget p320：= [ [ 441. 72, - 48. 88, 250. 70 ], [ 0. 703127, 0. 000451584,
0. 711055, 0. 00363826], [ -1, -1, 0, 1], [9E+09, 9E+09, 9E+09, 9E+09, 9E+09, 9E+09] ];
    CONST robtarget p330：= [ [ 441. 72, - 48. 88, 31. 50 ], [ 0. 703127, 0. 000451644,
0. 711055, 0. 00363837], [ -1, -1, 0, 1], [9E+09, 9E+09, 9E+09, 9E+09, 9E+09, 9E+09] ];
    CONST robtarget p340：= [ [ 441. 72, - 49. 04, 11. 19 ], [ 0. 703127, 0. 000452163,
0. 711055, 0. 00363796], [ -1, -1, 0, 1], [9E+09, 9E+09, 9E+09, 9E+09, 9E+09, 9E+09] ];
    CONST robtarget p350：= [ [ 441. 72, - 49. 04, 78. 20 ], [ 0. 703127, 0. 000452346,
0. 711055, 0. 00363807], [ -1, -1, 0, 1], [9E+09, 9E+09, 9E+09, 9E+09, 9E+09, 9E+09] ];
    CONST robtarget p360：= [ [ 374. 00, - 0. 00, 630. 00 ], [ 0. 707107, 5. 27994E - 23,
0. 707107, -5. 27994E-23], [ -1, 0, 0, 0], [9E+09, 9E+09, 9E+09, 9E+09, 9E+09, 9E+09] ];
    VAR num r2：= 0;
    VAR num r3：= 0;
    VAR num r4：= 0;
    PROC main( )
        chushihua；! 调用初始化子程序
        WHILE r1 < 16 DO! 循环16次
        zhuaqu；
        mafang；
        r1 := r1 + 1;
        ENDWHILE
        PulseDO\PLength：= 1, DO10_3；! 机器人工作完成信号反馈
        Stop；! 机器人工作完成后停止
    ENDPROC
    PROC chushihua( )
        MoveAbsJ jpos10\NoEOffs, v1000, fine, tool1;
```

```
        Reset DO10_1;
        Reset DO10_2;
        Reset DO10_3;
        r1 : = 0;
        r2 : = 0;
        r3 : = 0;
        r4 : = 0;
ENDPROC
PROC zhuaqu( )
        IF r1<4 THEN
        MoveJ p0, v1500, z10, tool1;
        MoveJ Offs( p10,52 * r1,0,0), v1500, z10, tool1;
        MoveJ Offs( p20,52 * r1,0,0),v1500,fine,tool1;
        SetDO DO10_1,1;
        WaitTime 1;
        Movel Offs( p30,52 * r1,0,0),v1500,fine,tool1;
        Reset DO10_1;
        ENDIF
        IF r1<8 and r1>3 THEN
        MoveJ p40,v1500,z10,tool1;
        MoveJ Offs( p50,52 * r2,0,0), v1500, z10, tool1;
        MoveJ Offs( p60,52 * r2,0,0),v1500,fine,tool1;
        SetDO DO10_1,1;
        WaitTime 1;
        Movel Offs( p70,52 * r2,0,0),v1500,fine,tool1;
        Reset DO10_1;
        ENDIF
        IF r1<12 and r1>7 THEN
        MoveJ p80,v1500,z10,tool1;
        MoveJ Offs( p90,52 * r3,0,0), v1500, z10, tool1;
        MoveJ Offs( p100,52 * r3,0,0),v1500,fine,tool1;
        SetDO DO10_1,1;
        WaitTime 1;
        Movel Offs( p110,52 * r3,0,0),v1500,fine,tool1;
        Reset DO10_1;
        ENDIF
        IF r1<16 and r1>11 THEN
        MoveJ p120,v1500,z10,tool1;
        MoveJ Offs( p130,52 * r4,0,0), v1500, z10, tool1;
        MoveJ Offs( p140,52 * r4,0,0),v1500,fine,tool1;
        SetDO DO10_1,1;
        WaitTime 1;
        Movel Offs( p150,52 * r4,0,0),v1500,fine,tool1;
```

```
        Reset DO10_1;
    ENDIF
    MoveAbsJ jpos10\NoEOffs, v1000, fine, tool1;
ENDPROC
PROC mafang()
    IF r1<4 THEN
    MoveJ p200,v1500,z10,tool1;
    MoveJ Offs(p210,52 * r1,0,0), v1500, z10, tool1;
    MoveJ Offs(p220,52 * r1,0,0),v1500,fine,tool1;
    Set DO10_2;
    WaitTime 1;
    Movel Offs(p230,52 * r1,0,0),v1500,fine,tool1;
     reset do10_2;
    ENDIF
    IF r1<8 and r1>3 THEN
    MoveJ p240,v1500,z10,tool1;
    MoveJ Offs(p250,52 * r2,0,0), v1500, z10, tool1;
    MoveJ Offs(p260,52 * r2,0,0),v1500,fine,tool1;
    Set DO10_2;
    WaitTime 1;
    Movel Offs(p270,52 * r2,0,0),v1500,fine,tool1;
    reset do10_2;
    r2 := r2+1;
    ENDIF
    IF r1<12 and r1>7 THEN
    MoveJ p280,v1500,z10,tool1;
    MoveJ Offs(p290,52 * r3,0,0), v1500, z10, tool1;
    MoveJ Offs(p300,52 * r3,0,0),v1500,fine,tool1;
    Set DO10_2;
    WaitTime 1;
    Movel Offs(p310,52 * r3,0,0),v1500,fine,tool1;
    reset do10_2;
       r3 := r3+1;
    ENDIF
    IF r1<16 and r1>11 THEN
    MoveJ p320,v1500,z10,tool1;
    MoveJ Offs(p330,52 * r4,0,0), v1500, z10, tool1;
    MoveJ Offs(p340,52 * r4,0,0),v1500,fine,tool1;
    Set DO10_2;
    WaitTime 1;
    Movel Offs(p350,52 * r4,0,0),v1500,fine,tool1;
    reset do10_2;
    r4 := r4+1;
```

```
        ENDIF
        MoveAbsJ jpos10\NoEOffs, v1000, fine, tool1;
    ENDPROC
ENDMODULE
```

4．程序数据的修改

（1）机器人程序位置点的修改　手动操纵机器人到所要修改点的位置，进入"程序数据"中的"robtarget"数据，选择所要修改的点，单击"编辑"中的"修改位置"完成修改，如图7-6所示。

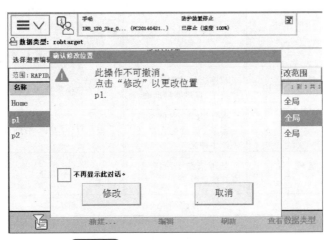

图7-6　机器人程序位置点的修改

（2）同理，依次完成P2、P3、P4、P5、P6的示教修改。

7.5　检查评议

工业机器人搬运单元的安装与调试自我评价表和项目考核评定见表7-3和表7-4。

表7-3　工业机器人搬运单元的安装与调试自我评价

评价内容	标准/分	得分/分	需提高部分
机械、气路安装与调试	10		
电气安装与调试	10		
机器人程序设计与示教操作	70		
绑扎工艺及工位整理	10		
不足之处			
优　　点			

表7-4　工业机器人搬运单元的安装与调试项目考核评定

项目分类	考核内容	分值/分	工作要求	评分标准	老师评分
专业能力（90分）	安装	20	夹具与模块固定牢紧，不缺少螺钉	1. 夹具与模块安装位置不合适，扣5分 2. 夹具或模块松动，扣5分 3. 损坏夹具或模块，扣10分 4. 面板插线松动、未按工艺要求插线扣5分	

（续）

项目分类	考核内容	分值/分	工作要求	评分标准	老师评分
专业能力 （90分）	机器人程序设计与示教操作	60	IO 配置完整，程序设计正确，机器人示教正确	1. 操作机器人动作不规范，扣 5 分 2. 机器人不能完成物料搬运，每个物料扣 2 分 3. 缺少 IO 配置，每个扣 1 分 4. 程序缺少输出信号设计，每个扣 1 分 5. 工具坐标系定义错误或缺失，每个扣 5 分 6. 演示模式下不能通过 PLC 程序正常进行系统集成，扣 20 分 7. 实训模式下不能通过面板插线的按钮正常启动机器人，扣 10 分	
	运行结果及口试答辩	10	程序运行结果正确，表述清楚，口试答辩准确	对运行结果表述不清楚，扣 10 分	
职业素质能力 （10分）	相互沟通、团结配合能力	5	善于沟通，积极参与，与组长、组员配合默契，不产生冲突	根据自评、互评、教师点评而定	
	清扫场地、整理工位	5	场地清扫干净，工具、桌椅摆放整齐	不合格，不得分	
合计					

项目8

自动化生产线综合能力应用

学习完前面的内容，应该已经掌握了自动化生产线的各项技能，下面以实战方式完成全国技能大赛赛题要求，以巩固、提高我们对自动化生产线各项技能的综合应用。

8.1　项目描述

8.1.1　设备及工艺过程描述

YL—335B 自动化生产线由供料、输送、装配、加工和分拣等 5 个工作站组成，各工作站均设置一台 PLC 承担其控制任务，各 PLC 之间通过 RS485 串行通信的方式实现互联，构成分布式控制系统。系统主令工作信号由连接到输送站 PLC 的触摸屏人机界面提供，整个系统的主要工作状态除了在人机界面上显示外，还需要由安装在装配单元的警示灯显示启动、停止、报警等状态。

8.1.2　工作过程概述

本自动化生产线构成一个成品自动分拣生产线，其工作过程概述如下。

1）将来自供料单元的尚未进行芯件装配的非成品工件先送往装配单元进行芯件装配，然后再送往加工单元进行压紧操作。

2）将已经嵌入白色或黑色芯件的白色、黑色和金属成品工件送往分拣单元，按一定的套件关系进行成品分拣。成品工件及其构成的两种套件如图 8-1 所示。

图 8-1　成品工件

3）从分拣单元工位一或工位二输出的两种套件由连接到输送站的人机界面进行设定，当两种套件数目达到指定数量时，系统停止工作。

8.1.3　待完成的工作任务

1. 自动化生产线设备部件安装、气路连接及调整

根据供料状况和工作目标要求，YL—335B 自动化生产线各工作单元在工作台面上的布局如图 8-2 所示。首先完成生产线各工作单元的部分装配工作，然后把这些工作单元安装在 YL—335B 的工作桌面上，长度单位为毫米，要求安装误差不大于 1mm。安装时应注意，输送单元直线运动机构的参考点位置在原点传感器中心线处，这一位置也称为系统原点。各工作单元装置侧部分的装配要求如下。

1）根据图 8-3 和图 8-4（供料单元与分拣单元装配图）完成供料和分拣两单元装置侧部件的安装和调整以及工作单元在工作台面上的定位；然后根据两单元的工艺要求完成它们的气路连接，并调整气路，确保各气缸运行顺畅和平稳。

2）输送单元直线导轨底板已经安装在工作台面上，根据图 8-5（输送单元装配图）继续完成装置侧部分的机械部件安装和调整工作，再根据该单元的工艺要求完成其气路连接并进行调整，确保各气缸运行顺畅和平稳。其中抓取机械手各气缸初始位置为：提升气缸处于下降状态，手臂伸缩气缸处于缩回状态，手臂摆动气缸处于右摆位置，气爪处于松开状态。

3）装配单元和加工单元的装置侧部分机械部件安装、气路连接工作已经完成，应将这两个工作单元安装到工作台面上；然后进一步加以校核并调整气路，确保各气缸运行顺畅和平稳。

2. 电路设计和电路连接

1）加工单元和装配单元的电气接线已经完成，应根据实际接线核查并确定各工作单元 PLC 的 I/O 分配，以此作为程序编写的依据。

2）设计分拣单元的电气控制电路，电路连接完成后应根据运行要求设定变频器有关参数，并将参数记录在指定位置。

3）完成供料和输送单元的电气接线。电路连接完成后应根据运行要求设定伺服驱动器有关参数，并将参数记录在指定位置。

4）设计注意事项

① 所设计的电路应满足工作任务要求。

② 电气制图图形符号和文字符号的使用应满足《工业机械电气图用图形符号》（JB/T 2739—2008）和《机床电气设备及系统电路图、图解和表的绘制》（JB/T 2740—2015）的要求。

③ 设备安装、气路连接、电路接线应符合"自动化生产线安装与调试赛项安装技术规范"的要求。

3. 部分设备的故障检查及排除

虽然本自动化生产线的装配站是已经完成安装和单站模式编程的工作站，但是依然可能存在硬件和软件故障等问题，因此要仔细检查并排除这些故障，使其能按工作要求正常运行。此时需要注意以下两点：

1）如果在竞赛开始 2h 后仍未能排除硬件故障，允许放弃此项工作，由技术支持人员排除故障，但参赛人员将失去这项工作的得分。

2）当完成软件故障排除工作后，必须在指定位置填写故障现象和处理措施，作为软件故障排除的评分依据。如果参赛人员无法排除该软件故障，可清除故障程序，自行按工作要求编制控制程序，但也将失去这项工作的得分。

4. 各站 PLC 网络连接

本系统的 PLC 网络指定输送站作为系统主站，根据所选用的 PLC 类型，选择合适的网络通信方式并完成网络连接。

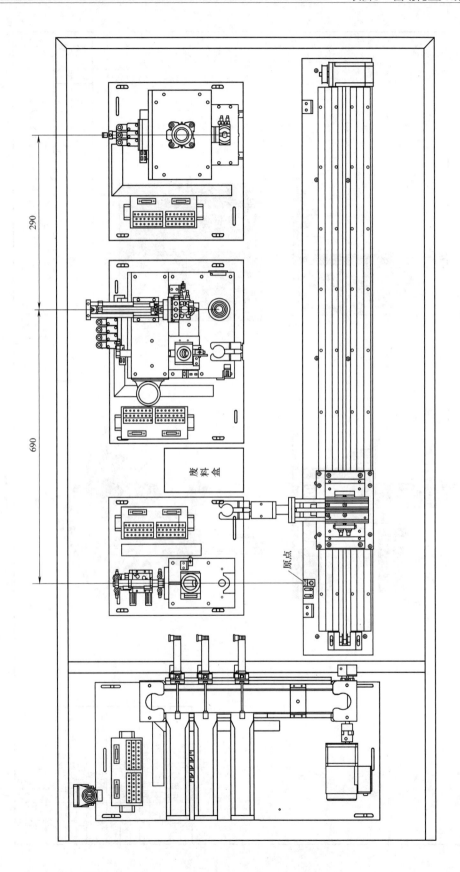

图 8-2　自动化生产线各工作单元在工作台面上的布局

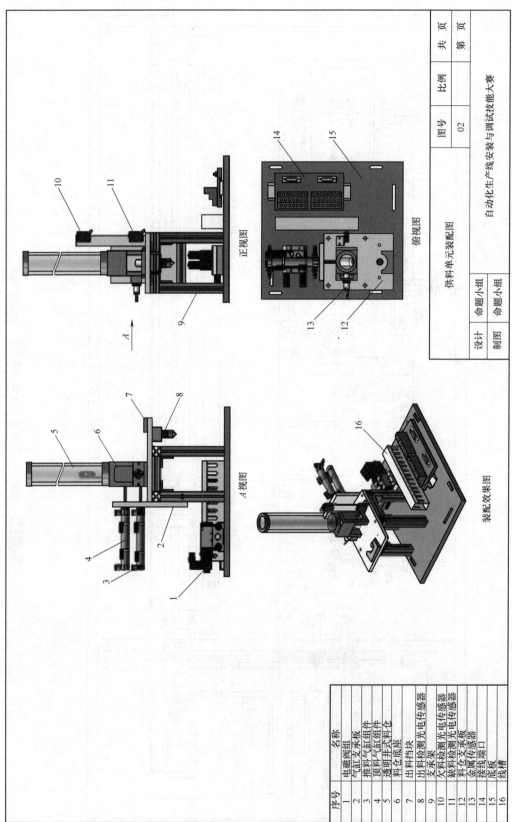

序号	名称
1	电磁阀组
2	气缸支承板
3	推料气缸组件
4	顶料气缸组件
5	透明井式料仓
6	料仓底座
7	出料挡块
8	出料检测光电传感器
9	支承架
10	欠料检测光电传感器
11	缺料检测光电传感器
12	料仓支承板
13	金属传感器
14	接线端口
15	底板
16	线槽

图 8-3　供料单元装配图

178

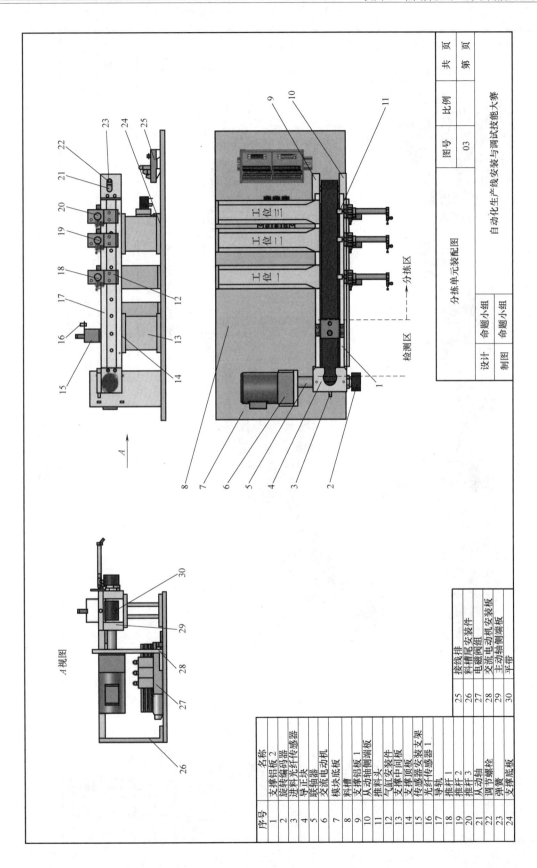

序号	名称
1	支撑铝板2
2	旋转编码器
3	进料光纤传感器
4	导正块
5	联轴器
6	交流电动机
7	模块底板
8	料槽
9	支撑铝板1
10	从动轴侧端板
11	推料头
12	气缸安装件
13	支撑中间板
14	支撑顶块
15	传感器安装支架
16	光纤传感器1
17	导轨
18	推杆1
19	推杆2
20	推杆3
21	从动轴
22	调节螺栓
23	弹簧
24	支撑底板
25	接线排
26	料槽尾安装件
27	电磁阀组
28	交流电动机安装板
29	主动轴侧安装板
30	平带

设计	命题小组	图号	03
制图	命题小组	比例	

分拣单元装配图

自动化生产线安装与调试技能大赛

共 页
第 页

A视图

图 8-4 分拣单元装配图

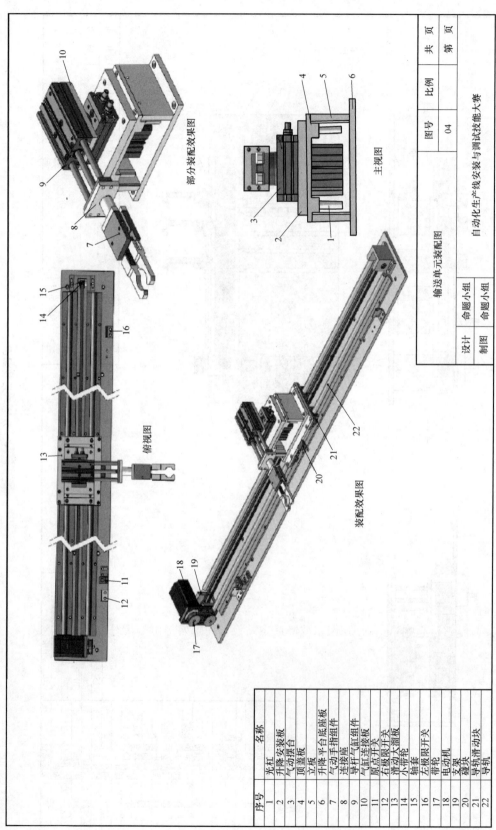

图 8-5　输送单元装配图

序号	名称
1	光杠
2	升降安装板
3	气动摆台
4	顶盖板
5	立板
6	升降平台底座板
7	气动手指组件
8	连接座
9	导杆气缸组件
10	气缸连接板
11	原点开关
12	右极限开关
13	滑动大滑板
14	小带轮
15	轴套
16	左极限开关
17	电动机
18	带轮
19	支架
20	碰块
21	导轨滑动块
22	导轨

输送单元装配图		图号	比例	共　页
		04		第　页
设计	命题小组			
制图	命题小组	自动化生产线安装与调试技能大赛		

5. 连接触摸屏并组态用户界面

触摸屏应连接到系统中主站 PLC 的相应接口。在 TPC7062K 人机界面上组态画面，要求用户窗口包括引导界面、输送站传送功能测试界面（以下简称测试界面）和全线运行界面（以下简称运行界面）三个窗口。

1）为生产安全起见，系统应设置操作员组和技师组两个用户组别。具有操作员组以上权限（操作员组或技师组）的用户才能启动系统。触摸屏上电并进行权限检查后，启动引导界面，如图 8-6 所示。

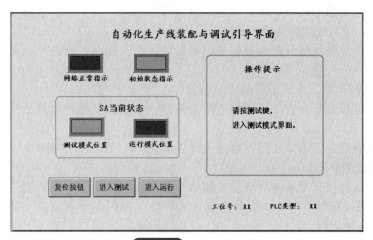

图 8-6　引导界面

① 图中的工位号填写操作者所在的工位号，PLC 类型填写所使用的 PLC 类型（S7—200 系列或 FX 系列）。

② 设备上电后，PLC 将传送有关网络状态是否正常、本站设备是否处于初始位置、本站按钮/指示灯模块中的模式选择开关 SA 所处位置等信息到触摸屏。界面上的 4 个指示灯应显示相应的状态。

③ 界面上操作提示区中所提示的操作信息及操作要求如下。

当 SA 选择测试模式时，若本站设备尚未处于初始位置，提示"设备尚未处于初始状态，请执行复位操作！"。这时可触摸"复位按钮"或按下按钮/指示灯模块中的 SB2 按钮，PLC 将执行设备复位程序，使设备返回初始状态。

当 SA 选择测试模式时，若本站设备已处于初始状态，提示"请按测试键，进入测试模式界面"。此时可触摸界面上的"进入测试"按钮，切换到测试模式界面。

当 SA 选择运行模式时，若存在网络故障或本站设备尚未处于初始状态，提示"网络故障或设备尚未处于初始状态，不能进入运行状态"。此时触摸"进入运行"按钮无效。

当 SA 选择运行模式时，若网络正常且本站设备已在初始状态，提示"请按运行键，进入运行模式界面"。这时具有技师组权限的用户，可触摸"进入运行"按钮，在权限检查通过后切换到运行模式界面。若操作者无此权限，操作提示区将提示"您没有操作权限！"，触摸提示文字，该项提示消失。

2）输送站传送测试界面用以测试抓取机械手从某一起始单元传送工件到某一目标单元的功能，主要包括从供料到装配、装配到加工、加工到分拣、分拣到废料盒等 4 个项目的测试。该界面的组态应按下列功能自行设计。

① 界面上应设置 4 个测试项目的选择标签。项目未被选择时，标签的文字和边框均呈黑色，触摸该标签，测试项目被选择，标签的文字和边框均呈红色。如果该测试尚未开始，再

次触摸该标签，项目选择将复位。

② 界面上应设置启动测试的按钮，某一测试项目被唯一选择后，触摸"测试启动"按钮或按下按钮/指示灯模块中的 SB1 按钮，该项目开始测试。此时该选择标签旁的指示灯将被点亮，表示该项目测试在进行中。测试过程中，界面上应显示抓取机械手装置的当前位置坐标值。测试完成后，标签旁的指示灯熄灭。

③ 如果触摸了两个或两个以上的项目选择标签，将发生"多 1 报警"，界面上的"多 1 报警"指示灯将快速闪烁。此时应复位测试尚未开始的选择标签，使报警消除。

④ 界面上应设置抓取机械手装置越程故障报警指示灯。发生左右极限越程故障时，报警指示灯快速闪烁，直至故障被复位。

⑤ 若界面上 5 个测试项目的选择标签均在复位状态，这时可触摸"返回引导界面"按钮返回到引导界面。

3）运行界面窗口组态应按下列功能自行设计。

① 界面上应能设定每种套件计划生产的套件数，并能显示每种套件已完成数量和已检测出来的废料数量。

② 界面上应能设定分拣单元变频器的运行频率（20~40Hz），并能实时显示变频器启动后的输出频率（精确到 0.1Hz）。

③ 提供全线运行模式下系统启动信号和停止信号。系统启动时两种套件之中的其中一个套件计划生产的套件数量不少于 1 套时系统才能启动，否则不予响应。当计划生产任务完成后，系统将停止全线运行。

④ 提供能切换到引导界面的按钮。只有系统停止时，切换该按钮才有效。

⑤ 指示网络中各从站的通信状况（正常、故障）。

⑥ 指示各工作单元的运行、故障状态。其中故障状态包括：供料单元的供料不足状态和缺料状态、装配单元的供料不足状态和缺料状态、输送单元抓取机械手装置越程故障（左或右极限开关动作）。发生上述故障时，有关的报警指示灯以闪烁方式报警。

6. 程序编制及调试

（1）单站测试模式

1）供料单元单站测试要求。

① 设备上电和气源接通后，若工作单元的两个气缸满足初始位置要求，且料仓内有足够的待加工工件，出料台上没有工件，则"正常工作"指示灯 HL1 常亮，表示设备准备好。否则，该指示灯以 1Hz 频率闪烁。

② 若设备已准备好，按下启动按钮 SB1，工作单元将处于运行状态。这时按一下推料按钮 SB2，表示有供料请求，设备应执行把工件推到出料台上的操作。每当工件被推到出料台上时，"推料完成"指示灯 HL2 亮，直到出料台上的工件被人工取出后熄灭。工件被人工取出后，再按下 SB2 按钮，设备将再次执行推料操作。若在运行过程中再次按下 SB1 按钮，设备在本次推料操作完成后停止。

③ 若在运行中料仓内工件不足，则工作单元继续工作，但"正常工作"指示灯 HL1 以 1Hz 的频率闪烁。若料仓内没有工件，则 HL1 指示灯和 HL2 指示灯均以 2Hz 频率闪烁。设备在本次推料操作完成后停止。除非向料仓补充足够的工件，工作站不能再启动。

2）装配单元单站测试要求。

① 设备上电和气源接通后，若各气缸满足初始位置要求，料仓上已经有足够的小圆柱零件，工件装配台上没有待装配工件，则"正常工作"指示灯 HL1 常亮，表示设备准备好。否则，该指示灯以 1Hz 频率闪烁。

② 若设备已准备好，按下启动按钮，装配单元启动，"设备运行"指示灯 HL2 常亮。如

果回转台上的左料盘内没有小圆柱零件，就执行下料操作；如果左料盘内有零件，而右料盘内没有零件，执行回转台回转操作。

③ 如果回转台上的右料盘内有小圆柱零件且装配台上有待装配工件，执行装配机械手抓取小圆柱零件，放入待装配工件中。

④ 完成装配任务后，装配机械手应返回初始位置，等待下一次装配。

⑤ 若在运行过程中按下停止按钮，则供料机构应立即停止供料，在装配条件满足的情况下，装配单元在完成本次装配后停止工作。

⑥ 在运行中发生"零件不足"报警时，指示灯 HL3 以 1Hz 的频率闪烁，HL1 和 HL2 灯常亮；在运行中发生"零件没有"报警时，指示灯 HL3 以亮 1s、灭 0.5s 的方式闪烁，HL2 熄灭，HL1 常亮。工作站在完成本周期任务后停止。除非向料仓补充足够的工件，工作站不能再启动。

3）加工单元单站测试要求。

① 上电和气源接通后，若各气缸满足初始位置要求，则"正常工作"指示灯 HL1 常亮，表示设备准备好。否则，该指示灯以 1Hz 频率闪烁。

② 若设备准备好，按下启动按钮，设备启动，"设备运行"指示灯 HL2 常亮。当待加工工件送到加工台上并被检出后，设备执行将工件夹紧，送往加工区域冲压，完成冲压动作后返回待料位置的工件加工工序。如果没有停止信号输入，当再有待加工工件送到加工台上时，加工单元又开始下一周期工作。

③ 在工作过程中，若按下停止按钮，加工单元在完成本周期的动作后停止工作，HL2 指示灯熄灭。

4）分拣单元单站测试要求。

① 设备上电和气源接通后，若工作单元的三个气缸满足初始位置要求，则"正常工作"指示灯 HL1 常亮，表示设备准备好。否则，该指示灯以 1Hz 频率闪烁。

② 若设备已准备好，按下启动按钮，系统启动，"设备运行"指示灯 HL2 常亮。当传送带入料口人工放下已装配的工件时，变频器即启动，驱动传动电动机以频率为 30Hz 的速度，把工件带往分拣区（变频器的上下坡时间不小于 1s）。

③ 满足第一种套件关系的工件（一个白芯塑料白工件、一个黑芯塑料白工件和一个白芯塑料黑工件搭配组合成一组套件，不考虑三个工件的排列顺序）到达 1 号滑槽时，传送带停止，推料气缸 1 动作把工件推出；满足第二种套件关系的工件（一个白芯金属工件、一个黑芯金属工件和一个白芯塑料黑工件搭配组合成一组套件，不考虑三个工件的排列顺序）到达 2 号滑槽时，传送带停止，推料气缸 2 动作把工件推出。不满足上述套件关系的工件中的黑芯塑料黑工件视为废料传送带反转并把工件送往入料口后停止，并人工取走放到废料盒。不满足套件关系也不是废料的工件到达 3 号滑槽时，传送带停止，推料气缸 3 动作把工件推出，并人工取走放到供料站料仓内。工件被推出滑槽或人工取走废料后，该工作单元的一个工作周期结束。仅当工件被推出滑槽或人工取走废料后，才能再次向传送带下料，开始下一个工作周期。如果每种套件均被推出 1 套，则测试完成。在最后一个工作周期结束后，设备退出运行状态，指示灯 HL2 熄灭。

说明：假设每当一套套件在分拣单元被分拣推出到相应的出料槽后，即被后序的打包工艺设备取出，打包工艺设备不属于本生产线控制。

5）输送站单站测试。

① 抓取机械手装置从某一起始单元传送工件到某一目标单元的功能测试。当人机界面处于测试界面，且在界面上选择测试项目后，PLC 程序应根据所选项目，按表 8-1 要求，使相应指示灯点亮或熄灭，以提示现场操作人员进行相关操作。

表 8-1 各测试项目的指示灯状态

项目名称	供料至装配	装配至加工	加工至分拣	分拣至废料盒
指示灯状态	HL1 常亮	HL2 常亮	HL3 常亮	HL1、HL2 常亮

现场操作人员根据所选项目，在项目起始单元工作台放置一个工件，然后触摸人机界面上的"测试启动"按钮或按下按钮/指示灯模块中的 SB1 按钮，该项测试开始。测试动作顺序如下。

a. 抓取机械手装置移动到起始单元工作台正前方，然后从工作台抓取工件。

b. 抓取动作完成后，机械手装置向目标单元移动，到达目标单元工作台的正前方后，即把工件放到工作台上，然后机械手各气缸返回初始位置，项目测试完成。

c. 项目测试完成后，除非在人机界面上复位该项测试选择，否则，测试仍可按上述步骤再次进行。

注意：抓取机械手装置的移动速度指定为 400mm/s；抓取机械手抓取和放下工件的步骤请自行确定；某项测试开始后，若发生"多 1 报警"，PLC 将向人机界面发出报警信号，但该项测试仍然继续。

② 运行的安全及可靠性测试。

a. 紧急停车处理：如果在测试过程中出现异常情况，可按下急停按钮，装置应立即停止工作。急停复位后，装置应从急停前的断点开始继续运行。

b. 越程故障处理：发生左或右限位开关动作的越程故障时，伺服电动机应立即停车，并且必须在断开伺服驱动器电源再上电后故障才有可能复位。若判断越程故障为限位开关误动作，则应在驱动器重新上电故障复位后，按下输送站按钮/指示灯模块上 SB2 按钮，人工确认该越程故障为误动作，系统将继续运行。若误动作发生在机械手装置移动期间，应采取必要的措施保证继续运行的精确度。

（2）系统正常的运行模式

1）人机界面切换到运行界面窗口后，输送站 PLC 程序应首先检查供料、装配、加工和分拣等工作站是否处于初始状态。初始状态是指如下状态。

① 各工作单元气动执行元件均处于初始位置。

② 输送单元抓取机械手装置在初始位置且已返回参考点停止。

③ 供料单元和装配单元料仓内有足够的待加工工件。

④ 各站处于准备就绪状态。

若上述条件中任一条件不满足，则安装在装配站上的绿色警示灯以 0.5Hz 的频率闪烁。红色和黄色灯均熄灭。这时系统不能启动。

如果上述各工作站均处于初始状态，绿色警示灯常亮。若人机界面中设定的计划生产套件总数大于零，则允许系统启动。这时若触摸人机界面上的启动按钮，系统启动。绿色和黄色警示灯均常亮，并且供料站、输送站、加工站、装配站和分拣站的指示灯 HL3 常亮，表示系统在全线方式下运行。

注意：若系统启动前供料或装配或加工单元工作台上留有工件，且本次全线运行是上电后直接进入或进行单站测试以后切换而来，应人工清除留有的工件后再启动系统。

2）计划生产套件总数的设定只能在系统未启动或处于停止状态时进行，套件数量一旦指定且系统进入运行状态后，在该批工作完成前，修改套件数量是无效的。

3）正常运行过程：

① 系统启动后，若装配单元装配台、加工单元加工台、分拣单元进料口没有工件，相应从站就向主站发出进料请求。主站则根据其抓取机械手装置是否空闲以及各从站进料条件是否满足给予响应。

②　若装配单元有进料请求，且输送站抓取机械手装置在空闲等待中，则主站应向供料站发出供料指令，同时抓取机械手装置立即前往原点。抓取机械手装置到达原点后执行抓取供料单元出料台上工件的操作。动作完成后，伺服电动机驱动机械手装置以不小于 400mm/s 的速度移动到装配单元装配台的正前方，把工件放到装配单元的装配台上。机械手装置缩回到位且接收到装配加工站发来的"工件收到"通知后，恢复空闲状态。

③　若加工单元有进料请求，且输送站抓取机械手装置在空闲等待中，则主站接收到装配完成信号后，抓取机械手装置应立即前往装配单元装配台抓取已装配的工件，然后从装配站向加工单元运送工件，到达加工单元加工台正前方，把工件放到加工台上。机械手装置的运动速度要求与②相同。机械手装置缩回到位后，恢复空闲状态。

④　若分拣单元有进料请求，且输送站抓取机械手装置在空闲等待中，则主站接收到加工完成信号后，输送站抓取机械手装置应立即前往加工单元抓取已压紧工件。抓取动作完成后，机械手臂逆时针旋转 90°后从加工站向分拣单元运送工件，到达分拣单元后执行放下工件的操作。操作完成并缩回到位后，顺时针旋转 90°，恢复空闲状态。

⑤　若分拣单元检测出废料，请求主站将这个废料送往废料盒且输送站抓取机械手装置在空闲等待中，输送站抓取机械手装置的手臂逆时针旋转 90°后立即前往分拣单元进行抓取废料的操作。抓取完成后，从分拣站向废料盒运送工件，到达废料盒正前方后，机械手臂顺时针旋转 90°后执行放下工件操作。操作完成并缩回到位后，恢复空闲状态。

⑥　若分拣单元的进料条件和装配单元的进料条件同时被满足或分拣单元检测出废料，则主站优先响应分拣单元的请求。

⑦　装配和加工站的工艺工作过程与单站过程相同，但必须在主站机械手在相应工作台放置工件完成，手臂缩回到位后工作过程才能开始。

⑧　分拣站在系统启动时，应使所记录的已推入各工位的套件数清零。进料口传感器检测到工件且输送站机械手已缩回到位后，变频器以人机界面中所指定的频率驱动传送带电动机运转，把工件分送到人机界面指定生产的工位中，分送原则与单站相同。

4）系统的正常停止。上述操作完成后，各工作站的 HL3 指示灯均熄灭，警示灯中黄色灯熄灭，绿色灯仍保持常亮，系统处于停止状态。这时可触摸界面上的返回按钮返回到引导界面。此外也可在输送单元按钮/指示灯模块上切换 SA1 开关到单站模式，3s 后触摸屏应能自动返回到引导界面。如果各工作站重新进行单站测试，所保留供料完成、装配完成、加工完成的信号应予以清除。

5）停止后的再启动。在运行窗口界面下再次触摸启动按钮，系统又重新进入运行状态。再次投入运行后，系统应根据前次运行结束时，供料单元出料台、装配单元装配台、加工单元加工台或分拣单元物料台上是否有工件存在，确定系统的工作流程。

（3）异常工作状态测试

1）工件供给状态的信号警示。如果发生来自供料站或装配站的"工件不足够"的预报警信号或"工件没有"的报警信号，则系统动作如下。

①　如果发生"工件不足够"的预报警信号警示灯中红色灯以 1Hz 的频率闪烁，绿色和黄色灯保持常亮。系统继续工作。

②　如果发生"工件没有"的报警信号，警示灯中红色灯以亮 1s、灭 0.5s 的方式闪烁；黄色灯熄灭，绿色灯保持常亮。

若"工件没有"的报警信号来自供料站，且供料站物料台上已推出工件，系统继续运行，直至完成该工作周期尚未完成的工作。当该工作周期工作结束，系统将停止工作，除非"工件没有"的报警信号消失，系统不能再启动。

若"工件没有"的报警信号来自装配站，且装配站回转台上已落下工件，系统继续运行，直至完成该工作周期尚未完成的工作。当该工作周期工作结束，系统将停止工作，除非"工件没有"的报警信号消失，系统不能再启动。

2）废料的统计。需要统计分拣站检测到的废料数量，并在输送站运行界面上显示。

8.1.4　注意事项

1）选手应在规定位置完成分拣单元的电气控制电路设计，可参考图 8-3～图 8-6。

2）选手提交最终 PLC 程序时，应将其存储在"D：\2016自动线\XX"文件夹下（XX：工位号）。选手的试卷用工位号标识，不得写上姓名或与身份有关的信息。

3）比赛中如出现下列情况时另行扣分：

① 调试过程中由于撞击而造成抓取机械手不能正常工作，扣 15 分。

② 选手认定器件有故障可提出更换，经裁判测定器件完好时每次扣 3 分，器件确实损坏每更换一次补时 3min。

4）由于错误接线等原因引起 PLC、伺服电动机及驱动器、变频器和直流电源损坏，取消竞赛资。

8.2　项目计划与实施

8.2.1　项目实施计划

项目实施计划见表 8-2。

表 8-2　项目实施计划

实施步骤	实施内容	计划完成时间	实际完成时间	备注说明
1	根据控制要求准备材料			
2	机械、气路安装			
3	电气线路设计及连接			
4	PLC 程序编译及调试			
5	组态画面绘制与网络连接			
6	文件整理			

8.2.2　相关参数

按照控制要求在规定时间内完成项目并填写相关表格，见表 8-3～表 8-5。

表 8-3　变频器参数设置

序号	参数	设置值	序号	参数	设置值
1			13		
2			14		
3			15		
4			16		
5			17		
6			18		
7			19		
8			20		
9			21		
10			22		
11			23		
12			24		

表 8-4　伺服驱动器参数设置

序号	参数	设置值	序号	参数	设置值
1			13		
2			14		
3			15		
4			16		
5			17		
6			18		
7			19		
8			20		
9			21		
10			22		
11			23		
12			24		

表 8-5　伺服驱动器参数设置

序号	故障现象	故障原因	解决措施

说明：答题纸中若表格行数不足，可自行追加表格填写。

8.2.3　安装技术规范

1. 绑扎工艺

工艺技术规范见表 8-6。

表 8-6　绑扎工艺技术规范

项目	技术要求	正确做法	不正确做法
电缆和气管的绑扎	电缆和气管应分开绑扎		 不在同一移动模块上的电缆和气管不能绑扎在一起

（续）

项目	技术要求	正确做法	不正确做法
电缆和气管的绑扎	允许电缆、光纤电缆和气管绑扎在一起（当它们都来自同一个移动模块时）	 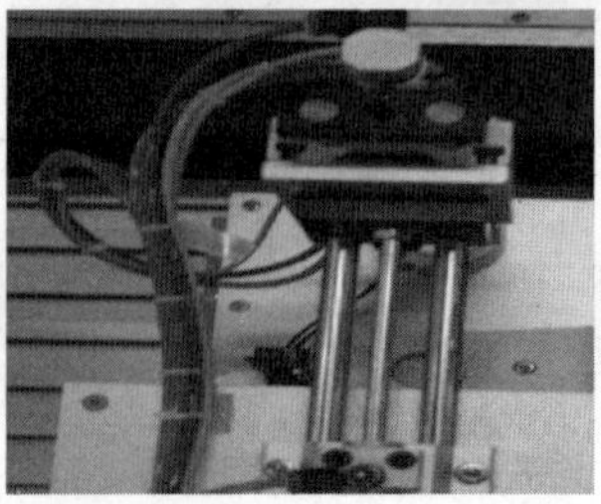	 不在同一移动模块上的电缆和气管不能绑扎在一起
	绑扎带切割时不能留余太长，必须小于1mm且不割伤手指		
	两个绑扎带之间的距离应不超过50mm		
	两个线夹子之间的距离应不超过120mm	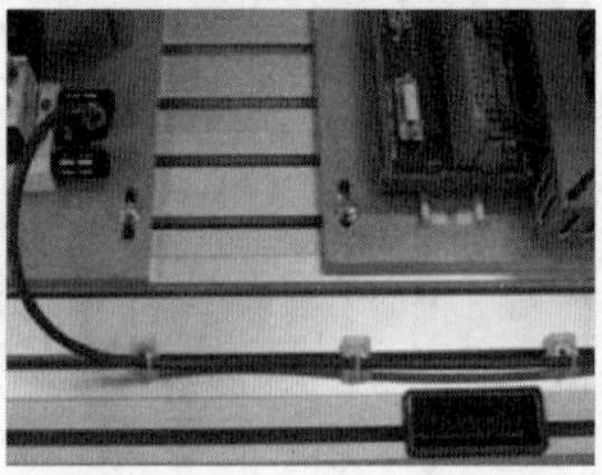	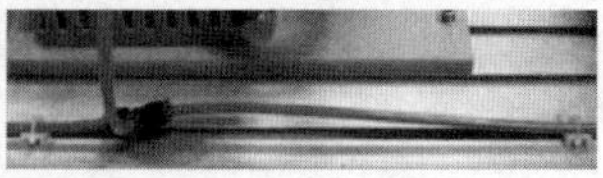

（续）

项目	技术要求	正确做法	不正确做法
电缆和气管的绑扎	电缆/电线应固定在线夹子上	单根电线用绑扎带固定在线夹子上	单根电缆,电线,气管没有紧固在线夹子上
	第一根绑扎带离电磁阀组气管接头连接处 60mm±5mm		
	运动所有的执行元器件和工件时应确保无碰撞		评估时在电缆、执行件或工件之间有碰撞

2. 电路连接

电路连接技术规范见表 8-7。

表 8-7　电路连接技术规范

项目	技术要求	正确做法	不正确做法
导线与接线端子的连接	电线连接时必须用冷压端子,电线金属材料不宜外露		
	冷压端子金属部分不外露		
	传感器护套线的护套层,应放在线槽内,只有线芯从线槽出线孔内穿出		 绝缘没有完全剥离
	线槽与接线端子排之间的导线,不能交叉		

（续）

项目	技术要求	正确做法	不正确做法
导线束	传感器不用芯线时应剪掉，并用热塑管套住或用绝缘胶带包裹在护套绝缘层的根部，不可裸露		
	不要损伤电线绝缘部分		
	传感器芯线进入线槽时应与线槽垂直，且不交叉		
	允许把光纤和电缆绑扎在一起		

（续）

项目	技术要求	正确做法	不正确做法
导线束	光纤传感器上的光纤，弯曲时的曲率直径应不小于100mm		
	电缆与电线不允许缠绕		
变频器主电路布线	变频器主电路布线与控制电路之间应有足够的距离，交流电动机的电源线不能放入信号线的线槽		

（续）

项目	技术要求	正确做法	不正确做法
导线束进入线槽	未进入线槽而露在安装台台面的导线,应使用线夹子固定在台面上或部件的支架上,不能直接塞入铝合金型材的安装槽内		
	电缆在走线槽里最少保留 10cm;如果是一根短接线,在同一个走线槽里没有此要求		
	走线槽应盖住,没有翘起和未完全盖住现象		

（续）

项目	技术要求	正确做法	不正确做法
导线束进入线槽	没有多余的走线孔		

3. 气动部分

气动部分安装技术规范见表8-8。

表8-8　气动部分安装技术规范

项目	技术要求	正确做法	不正确做法
引入安装台的气管	引入安装台的气管,应先固定在台面上,然后与气源组件的进气接口连接		
从气源组件引出的气管	气源组件与电磁阀组之间的连接气管,应使用线夹子固定在安装台台面上	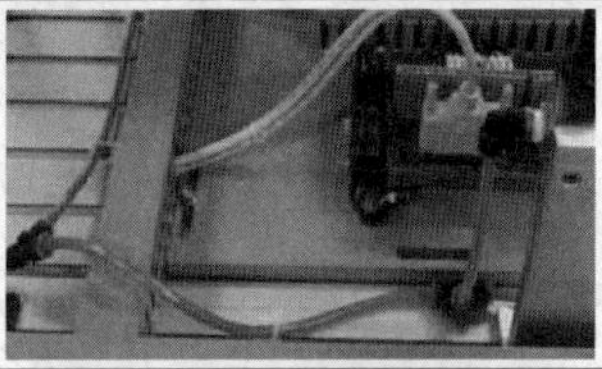	
气管束绑扎	无气管缠绕和绑扎变形现象		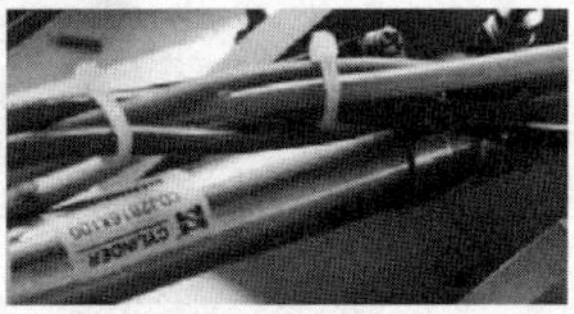
	走线槽里不走气管	 	

8.3 检查评议

本项目检查评分标准见表8-9。

表8-9 自动化生产线安装与调试项目技能大赛评分标准

工位号：　　　　　　　　　　　　　　　　　　　　　　　　　　　　总分：＿＿＿＿＿＿＿

评分内容		配分/分	评分标准	扣分/分	得分/分	备注
机械安装及其装配工艺	分拣单元装配	6	装配未完成或装配错误导致传动机构不能运行，扣6分			累计扣分后，最高扣15分(传感器安装调整不正确导致工作不正常合并到编程扣分)
			驱动电动机或联轴器安装及调整不正确，每处扣1.5分			
			传送带打滑或运行时抖动、偏移过大，每处扣1分			
			推出工件不顺畅或有卡住现象，每处扣1分			
			有紧固件松动现象，每处扣0.5分			
	输送单元装配	7	直线传动组件装配、调整不当导致无法运行扣4分，运行不顺畅酌情扣分，最多扣2分			
			抓取机械手装置未完成或装配错误以致不能运行，扣3分；装配不当导致部分动作不能实现，每动作扣1分			
			拖链机构安装不当或松脱妨碍机构正常运行，扣1.5分			
			摆动气缸摆角调整不恰当，扣1分			
			紧固件有松现象，每处扣0.5分			
	工作单元安装	2	工作单元安装定位与要求不符，每处扣0.5分，最多扣1.5分。紧固件有松现象，每处扣0.5分			
气路连接及工艺		5	气路连接未完成或有错误，每处扣2分			
			气路连接有漏气现象，每处扣1分			
			气缸节流阀调整不当，每处扣1分			
			气管没有绑扎或气路连接凌乱，扣2分			
电路设计		8	制图草率，手工画图扣4分			累计扣分后，最高扣8分
			电路图符号不规范，每处扣0.5分，最多扣2分			
			不能实现要求的功能、可能造成设备或元器件损坏，漏画元件，1分/处，最多扣4分			
			漏画必要的限位保护、接地保护等，每处扣1分，最多扣3分			
			提供的设计图样缺少编码器脉冲当量测试表或伺服电动机参数设置表，每处扣1分，表格数据不符合要求，每处扣0.5分，最多扣2分			
电路连接及工艺		7	伺服驱动器及电动机接线错误导致不能运行，扣2分			累计扣分后，最高扣7分
			变频器及驱动电动机接线错误导致不能运行扣2分，没有接地扣1分			
			必要的限位保护未接线或接线错误，扣1.5分			
			端子连接，插针压接不牢或超过两根导线，每处扣0.5分；端子连接处没有线号，每处扣0.5分；两项最多扣3分			
			电路接线没有绑扎或电路接线凌乱，扣1.5分			

（续）

评分内容		配分/分	评分标准	扣分/分	得分/分	备注
供料单元单站运行		3.5	不能按照控制要求正确执行推出工件操作，扣1分			
			推料气缸活塞杆返回时被卡住，扣1分			
			不能按照控制要求处理"工件不足"和"工件没有"故障，每处扣0.5分			
			指示灯亮灭状态不满足控制要求，每处扣0.5分			
加工单元单站运行		3	工件加工操作不符合控制要求，扣1.5分			
			不能按照控制要求执行急停处理，扣1分			
			指示灯亮灭状态不满足控制要求，每处扣0.5分			
装配单元单站运行		5	缺少初始状态检查，扣1分			
			料仓中零件供出操作不满足控制要求，扣1分			
			回转台不能完成把小圆柱零件转移到装配机械手爪下，扣1分。能实现回转，但定位不准确，扣0.5分			
			装配操作动作不正确或未完成，每处扣0.5分，最多扣2.5分			
			不能按照控制要求处理"零件不足"和"零件没有"故障，每处扣0.5分			
			指示灯亮灭状态不满足控制要求，每处扣0.5分			
分拣单元单站运行		6.5	变频器启动时间或运行频率不满足控制要求，每处扣1分			
			不能按照控制要求正确分拣工件，每处扣1分，推出工件时偏离滑槽中心过大，每处扣0.5~1分			
			指示灯亮灭状态不满足控制要求，每处扣0.5分			
输送单元单站运行	系统复位过程	1.5	上电后，抓取机械手装置不能自动复位回原点，或返回时右限位开关动作，扣1.5分			
			定位误差过大，影响机械手抓取工作时，酌情扣分，最多扣1分，不能确定复位完成信号，扣1分			
	机械手抓取和放下工件	3	由于机械或电气接线等原因，不能完成机械手抓取或放下工件操作，扣3分			
			抓取工件操作逻辑不合理，导致抓取或放下过程不顺畅，每处扣0.5分，最多扣1.5分			
	等待时间	1	机械手在加工或装配站的等待时间不满足控制要求，每处扣0.5分			
	机械手前进到目标站	3	不能完成移动操作，扣3分；能完成移动操作，但定位误差过大，影响机械手放下工件的工作时，酌情扣分，最多扣1.5分，移动速度不满足要求，扣1.5分			
	机械手返回原点	1.5	手爪在伸出状态移动机械手扣1分，但不重复扣分			累计扣分后，最高扣1.5分
			返回过程缺少高速段扣1.5分			
			返回时发生右限位开关动作，扣1.5分			
			定位误差过大，影响下一次机械手抓取工作时，酌情扣分，最多扣1分			
	指示灯状态	1	指示灯亮灭状态不满足控制要求，每处扣0.5分，最多扣1分			

（续）

评分内容		配分/分	评分标准	扣分/分	得分/分	备注
人机界面组态		8	人机界面不能与 PLC 通信,扣5分			累计扣分后,最高扣8分
			不能按要求绘制界面或漏绘构件,每处扣0.5分,最多扣2分			
			欢迎界面不满足控制要求,每处扣1分,最多扣2.5分			
			主界面指示灯、按钮和切换开关等不满足控制要求,每处扣0.5分,最多扣3.5分			
			不能按要求指定变频器运行频率,扣0.5~1分			
			不能按要求显示输送站机械手当前位置,扣1分			
联机正常运行工作	网络组建及连接	0.5	不能组建、连接指定网络,导致无法联机运行,扣0.5分			累计扣分后,最高扣10分,与单站运行相同项目不重复扣分
	联机确认	1	在联机方式下,不能避免误操作错误,扣1分			
	系统初始状态检查和复位	1.5	运行过程缺少初始状态检查,扣1.5分。初始状态检查项目不全,每项扣0.5分			
	从站运行	3	不能执行系统通过网络发出的主令信号(复位、启动、停止以及频率指令等),每项扣1分,不能通过网络反馈本站状态信息,每项扣0.5分。本栏目最多扣3分			
	主站运行	3	不能接收从站状态信息,控制本站机械手在各从站抓取和放下工件的操作,每项扣0.5分,最多扣3分			
	系统正常停止	1	触摸停止按钮,系统应在当前工作周期结束后停止,否则扣0.5分,系统停止后,不能再启动扣0.5分			
系统非正常工作过程	"物料不足"预警	1.5	系统不能继续运行,扣1.5分			累计扣分后,最高扣3.5分
	供料站"物料没有"	1.5	若物料已经推出,系统应继续运行,直到当前周期结束,系统停止运行。不满足上述要求,扣1.5分			
	装配站"物料没有"	1.5	若小圆柱已经落下,系统应继续运行,直到当前周期结束,系统停止运行。不满足上述要求,扣1.5分			
			停止运行后,若报警复位,按启动按钮不能继续运行,扣0.5分			
	紧急停止	3.5	按下急停按钮,输送站应立即停止工作,急停复位后,应从断点开始继续。否则扣1分。急停前正在移动的机械手应先回原点,否则扣2分。复位后重新定位不准确,每处扣1分。本栏目最多扣3.5分			
职业素养与安全意识		10	现场操作安全保护符合安全操作规程;工具摆放、包装物品、导线线头等的处理符合职业岗位的要求;团队合作既有分工又有合作,配合紧密;遵守赛场纪律,尊重赛场工作人员,爱惜赛场的设备和器材,保持工位的整洁			

附录

配套资源小程序码清单

页码	素材名称	小程序码	页码	素材名称	小程序码
1	自动化生产线工作过程		10	供料单元装置侧机械拆装	
2	供料单元控制要求及工作过程		16	供料单元指示灯控制子程序设计	
2	光电式传感器介绍		20	供料单元常见故障及处理方法	
3	磁性开关介绍		22	加工单元控制要求及工作过程	
3	电感式传感器介绍		25	加工单元装置侧机械安装	
4	气源处理组件介绍		27	加工单元装置侧机械拆卸	
5	电磁阀及阀组介绍		30	加工单元电气接线	
9	供料单元装置侧机械安装		33	加工单元常见故障与处理方法	

（续）

页码	素材名称	小程序码	页码	素材名称	小程序码
36	光纤传感器介绍		71	分拣单元电动机及传感器安装	
36	装配单元控制要求及工作过程		72	分拣单元装置侧拆卸	
43	装配单元装置侧机械拆卸		78	分拣单元工件分拣调试	
45	装配单元气路调试		79	分拣单元人机界面设计	
47	装配单元电气接线		90	分拣单元常见故障与处理方法	
53	装配单元常见故障与处理方法		93	输送单元的工作过程及控制要求	
55	分拣单元工件分拣过程		99	伺服驱动器参数设置	
55	分拣单元控制要求及工作过程		122	输送单元安装	
57	MM420参数介绍及快速设置方法		125	输送单元拆装	
67	旋转编码器脉冲当量测试		130	输送单元气路安装与调试	